U0340825

本书受“海洋监测中的无线传感器网络定位覆盖控制”项目资助

海洋监测中的无线传感器网络定位覆盖控制

张华 著

内容提要

本书共六章，内容分别是绪论、仿生控制理论、仿生算法在网络定位中的应用、仿生算法在网络覆盖中的应用、分层控制及其应用、海洋环境下无线传感器网络定位及其应用。

本书可作为高等学校相关专业的教材，也可作为专业研究者的参考用书。

图书在版编目(CIP)数据

海洋监测中的无线传感器网络定位覆盖控制/张华著. —上海：上海交通大学出版社，2019

ISBN 978-7-313-21327-3

Ⅰ. ①海… Ⅱ. ①张… Ⅲ. ①无线电通信—传感器—定位控制—应用—海洋监测 Ⅳ. ①X834

中国版本图书馆 CIP 数据核字(2019)第 098807 号

海洋监测中的无线传感器网络定位覆盖控制

HAIYANG JIANCE ZHONG DE WUXIAN CHUANGANQI WANGLUO DINGWEI FUGAI KONGZHI

著　　者：张　华

出版发行：上海交通大学出版社　　地　　址：上海市番禺路 951 号

邮政编码：200030　　电　　话：021－64071208

印　　制：广东虎彩云印刷有限公司　　经　　销：全国新华书店

开　　本：710mm×1000mm　1/16　　印　　张：16

字　　数：133 千字

版　　次：2020 年 8 月第 1 版　　印　　次：2020 年 8 月第 1 次印刷

书　　号：ISBN 978-7-313-21327-3

定　　价：98.00 元

前　言

无线传感器网络(wireless sensor network，WSN)就是由部署在监测区域内大量的廉价微型传感器节点组成，通过无线通信方式形成的多跳自组织网络系统，其目的是协作地感知、采集和处理网络覆盖区域中被感知对象的信息，并发送给观察者。无线传感器网络把人们需要的信息通过探测、处理、传输至用户终端，在用户与物理世界之间架起一座桥梁。传感器、感知对象和观察者构成了无线传感器网络的三个要素。互联网已经改变了人与人之间的沟通方式；无线传感器网络则被认为改变了人与自然的交互方式。

一般认为，无线传感器网络的发展历程分为三个阶段：第一阶段是独立、分离的单个传感器，最早可以追溯至对越自卫反击战时使用的传统的传感器系统；第二阶段发展为无线式传感器，以二十世纪八九十年代，美军研制的分布式传感器网络系统、海军协同交战能力系统、远程战场传感器系统等为代表；第三阶段则是大量微型、低成本、低功耗的传感器节点组成的多跳无线网络，始于二十一世纪。

无线传感器网络与通信技术和计算机技术共同构成信息技术的三大支柱。2003 年，美国《技术评论》杂志评出对人类未来生活产生深远影响的十大新兴技术，传感器网络被列为第一。2006 年，我国发布的《国家中长期科学与技术发展规划纲要(2006—2020)》中，将无线传感器网络列入重大专项、优先发展主题、前沿领域，它也是国家重大专项“新一代宽带无线移动通信网”中的一个重要研究方向，同时“国家重点基础研究发展计划”(973 计划)也将无线传感器网络列为其重要研究内容。无线传感器网络可应用于环境监测、军事领域、医疗护理、目标跟踪等诸多领域，为我国智慧城市、智慧交通、智慧医疗提供有力的基础支撑；也为森林防火、城市污染、公共空间的监测提供有益数据来源。

海洋资源越来越受各个国家重视，资源探索、资源开发、海洋生态的适度保护以及海洋环境实时监测系统等方面的海洋行动一直在进行。诸如 IOOS 项目、ROSES 项目、ARGOS 系统以及 GOOS 项目等，都意图在海洋监测等方面寻找方案，占领制高点。由于无线传感器网络的大规模传感器量级、自组织网络等特性，人们纷纷开展这方面研究。应用于海洋的无线传感器网络，除了具有与陆地传感器网络共有的难点，如能量有效、计算有限、距离较短等问题外，还要面临海洋的自身问题，诸如节点通信、水深压力、密封、水下通信、多径效应、节点漂移等。

大量关于水下传感器网络的研究纷纷涌现出来，包括水声传感器网络、水下无线传感器网络、水下二维传感器网络、水下三维动态网络以及 AUV 等。本书是笔者根据自身多年的研究成果编写而成，旨在对水下无线传感器网络的定位和覆盖问题进行阐述。本书首先对无线空间中无线传感器网络的定位和覆盖问题开展研究，并采用仿生算法对其进行优化；接着提出采用分层优化方法进一步对节点自定位问题开展探讨；最后在海洋环境下，对无线传感器网络二维空间、三维静态空间以及三维动态空间的节点定位进行了探讨。

全书从结构上分为三大部分：第一部分(第 1 章)，主要根据现有文献，描述了无线传感器网络发展史，覆盖定位问题以及应用情况；第二部分(第 2～5 章)，介绍了本书所涉及的仿生算法，并采用仿生算法分别对无线传感器网络的定位和覆盖问题进行了研究；第三部分(第 6 章)，海洋环境下无线传感器网络的定位问题尤其重要，本书从二维空间、三维静态空间以及三维动态空间等几个角度开展了探讨和研究，并给出部分仿真结果。本书的写作过程得到了单海校(副教授)、刘国平(教授)的帮助，他们对部分文稿给予了指导，同时本书的撰写得到了许多老师、同学和同事的关心、帮助和指正，在此谨表谢意。研究生吕棋、冯鹏程提供了部分材料，并做了一些文字处理工作，在此表示感谢。

本书可作为高等院校物联网工程专业，水声工程专业,海洋科学,海洋工程以及信息类、电子类、计算机类专业的高年级本科生、研究生教材和教学参考用书,也可供从事相关行业的工程技术人员与研究人员学习参考。相比其他无线传感器网络书籍,本书的一个重要优点是深入研究无线传感器网络基础知识,并在其海洋定位方面提出了思路。本书获得浙江海洋大学专项资金资助,在此表示感谢。

由于时间仓促和撰写水平有限,本书难免存在不足之处,敬请广大读者批评指正。

张华

2018 年 12 月

目 录

第 1 章　绪论 …………………………………………… 1

1.1　无线传感器网络发展史 ……………………………… 1

1.2　无线传感器网络覆盖及定位问题研究现状 …………………………………………… 13

1.3　无线传感器网络应用案例 ………………………… 19

1.4　本书安排 ………………………………………… 27

第 2 章　仿生控制理论 ………………………………… 31

2.1　遗传算法 ………………………………………… 31

2.2　蚁群算法 ………………………………………… 47

第 3 章　仿生算法在网络定位中的应用 ……………… 89

3.1　传感器网络定位问题描述 ………………………… 89

3.2　无线传感器网络节点坐标定位模型 ……… 104

3.3　遗传算法定位优化设 ……………………………… 106

3.4　蚁群算法定位优化设计 ………………………… 118

第 4 章　仿生算法在网络覆盖中的应用 ………………… 124
4.1　无线传感器网络覆盖基础 ………………… 124
4.2　节点感知模型及节点集覆盖率 ……………… 145
4.3　遗传算法覆盖优化设计 …………………… 148

第 5 章　分层控制及其应用 ………………………… 158
5.1　质心算法 ……………………………………… 158
5.2　分层控制 ……………………………………… 174
5.3　流程及仿真分析 ……………………………… 187
5.4　分层控制的应用 ……………………………… 192

第 6 章　海洋环境下无线传感器网络定位及其应用 ……………………………………… 200
6.1　海洋监测及现状 ……………………………… 200
6.2　水下传感器网络概述 ………………………… 203
6.3　水下传感器网络定位数学模型 ……………… 221
6.4　模型仿真 ……………………………………… 235

索引 ……………………………………………… 244

第1章　绪　论

1.1　无线传感器网络发展史

1.概述

维基百科认为无线传感器网络(wireless sensor network, WSN)有时候也被称为无线传感器和执行器网络,能够自主地感知监测物理或环境参数,例如温度、声音、压力等,并且能够协调地将数据通过网络传递到一个中心。S.Tilak认为传感器网络是由大量自治的微型感知设备以Ad-Hoc等方式构建形成,并能够协同地对某种物理现象进行感知的网络。无线传感器网络综合了微电子技术、传感器技术、嵌入式计算技术、分布式信息处理技术和无线通信等技术,能够对这些采集的数据信息进行处理,并把信息传送给用户。

无线传感器网络根据人们的需要探测物理世界的声、光、热、电等信息，把信息通过网络传输到用户终端，实现互联网络与物理世界的连通，在用户和物理世界之间架起一座桥梁。因特网已经改变了人与人之间交流、沟通的方式，并将继续持续地改变这种交互方式。无线传感器网络可以被认为是因特网从虚拟世界到现实世界的延伸，它将信息世界(虚拟世界)与真实物理世界紧密地连接到一起，必然会改变人与自然的交互方式。水环境下的无线传感器网络能将传感器节点部署到目标水域，这些高精度、低功耗并具有传输能力的节点，通过自组织方式建立起动态拓扑网络，根据所配置的传感器类型采集所监测水域水体参数。数据在节点内部经初步处理后送至水面基站，再通过无线或有线传输方式，传输到近岸基站。研究人员或其他监测人员通过建立的系统网络，获得相关水域的现场参数，可开展后续工作，如图 1-1 所示。

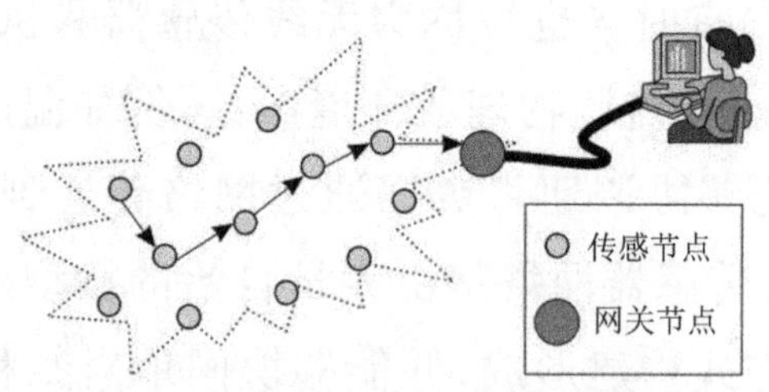

图 1-1　典型多跳无线传感器网络结构

无线传感器网络被认为是 21 世纪最重要的技术之一，它将会对人类未来的生活方式产生巨大影响。麻省理工学院的《技术评论》杂志曾经评出了对人类未来生活产生深远影响的十大新兴技术，无线传感器网络被认为位于这十种新兴技术之首。

2.传感器发展历史和现状

无线传感器网络技术最早服务于军事领域，可追溯至20世纪70年代，传统的传感器采用点对点传输模式；尔后，传感器网络与传感控制器相连，并具备多种信息处理能力。从20世纪90年代开始，无线传感器网络经历了侧重点不同的几个研究阶段。

(1)小型化、低功耗、低成本的传感器节点的开发和研制。

(2)把无线传感器网络作为通信网络的特性进行研究，主要集中在通信协议的设计和实现。

(3)集中研究无线传感器网络的群体智能行为。无线传感器网络的应用范围则从陆地到海洋，从室外到室内，从工厂到农场，从森林到矿场，从地面到地下，从生产到生活。

1978年，卡内基梅隆大学在美国国防高级研究项目署的资助下成立了分布式传感器网络工作组，专门研究以无线传感器网络为基础的军事监视系统。美国多所大学，包括麻省理工学院、佐治亚理工大学等相继成立水下声传感器网络课题组，开展专门的研究工作。

最具有代表性的项目是美国海军主持的“海网”(seaweb)，该系统有多种节点模式，配备海空双重覆盖，海洋环境使用舰船节点和无线浮标，而空中配备移动节点，构成了全方位全天候的实时监测网络。该系统配置了大量传感器网络节点——被人工或者自动设备部署在水面到水下几百米深度，系统内节点自组成网，监测覆盖面积广阔，通信距离达几千米，稳定性高。工作人员在指挥中心，通过对汇总的节点信息观察，能够实时发现相关海域的目标动态信息和水域相关信息，有助于实现所控水域船只的通信、导航、指挥。

世界上，政府部门、科研机构、高等院校、各类公司等陆续将人力、物力等投入到无线传感器网络的理论和实际应用中：麻省理工学院的IsLAMPS项目；加州大学的PicoRadio项目。法国、英国、日本、意大利等国的一些大学和研究机构也开展了该领域的研究工作。中国国家自然科学基金于2003年开始对无线传感器网络的研究进行了专门资助。2006年，中国开始水声传感器网络方面的研究，中国科学院声学所、哈尔滨工程大学、北京科技大学等研究单位在国家高技术研究发展计划(863计划)支持下，结合多年水声通信的研究经验，开展了水下声传感器网络相关研究。2009年11月12日，中国科学院、江苏省人民政府、无锡市人民政府共同签署了共建中国物联网研究发展中心三方协议。物联网研究发展中心积极发挥中国科学院资源导入及学科优势，成为我国最大规模的物联网专业研发机构和中国科学院最大规模的院地合作平台。

当下，无线传感器网络已经形成巨大的产业规模，该产业聚集了大量的人力、物力，并将持续对社会发展产生影响。2014 年连接网际网络的装置数量为 90 亿台，预计到 2020 年时将超过 1 000 亿台。无线传感器网络的全球晶片市场规模在 2013 年约为 27 亿美元，预计将以 23%的 CAGR 快速成长，在 2020 年以前达到 120 亿美元的市场规模，预计 2019 年，中国工业物联网在整体物联网产业中的占比将达到 24.6%，规模将突破 3 700 亿元人民币，如图 1-2 所示。

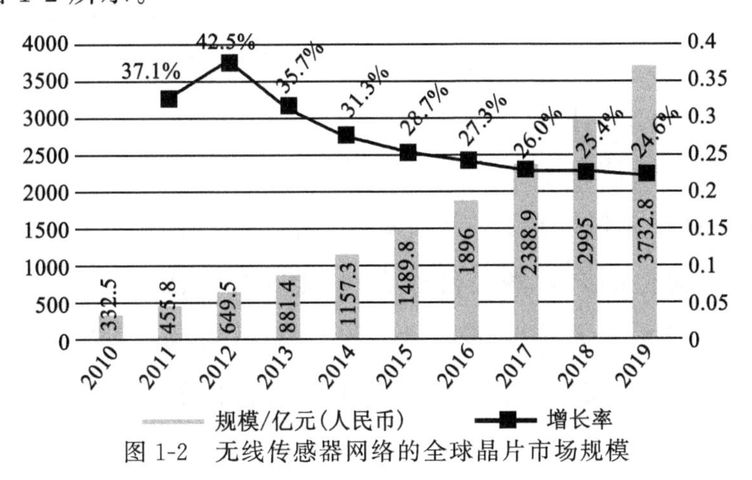

图 1-2　无线传感器网络的全球晶片市场规模

3.无线传感器网络特点和应用

无线传感器网络的技术研究和应用研究正在开展，该技术涉及许多交叉学科，而有些关键技术还有待深入研究。传感器网络涉及的技术包括：

(1)网络协议。传感器节点携带能量有限,节点计算、存储、通信能力有限,故网络协议不会太复杂;而节点容易失效,使得网络结构不断发生变化,对网络协议提出了更高的要求。

(2)网络拓扑技术。拓扑控制研究在满足网络覆盖度和连通度的前提下,通过控制功率和骨干节点的选择,剔除多余的通信链路,生成一个高效的数据转发网络,拓扑控制包括节点功率控制和层次型拓扑结构。

(3) 时间同步。时间同步是协同工作的传感器网络的一个关键机制,RBS、TINY/MINI-SYNC 和 TPSN 是三种基本的时间同步机制。

(4)定位技术。确定采集数据节点所在位置是传感器网络最基本的功能之一,没有确切位置的监测消息毫无意义,定位机制必须满足自组织性、健壮性等技术要求。

(5)无线通信技术。传感器网络需要低功耗、短距离的无线通信技术,超宽带技术非常适合传感器网络,目前有 DS-CDMA 单频带和 OFDM 两种方案。

(6) 数据融合和管理。节点数据收集过程,一般会用本地计算能力处理,数据必须融合各个节点数据;整个传感器网络数据一般存储在数据库中,数据库管理系统的结构主要有集中式、半分布式、分布式以及层次式结构。

(7)安全机制。作为数据的使用,其机密性、点到点的消息认证、完整性鉴别、新鲜性、认证广播等涉及数据安全的管理。

无线传感器网络的特点如下：

(1)大规模。无线传感器网络大规模主要包括节点分布地理区域范围大和部署节点密度高。为了获取监测区域的精确信息，通常在一个目标区域能够布置数量较多的传感器节点甚至能够达到百万只。这种布置方式，可以对空间抽样信息或者多维信息进行捕获，通过相应的分布式处理，可实现高精度的目标检测和识别；密集布设节点后，将会存在一定数量的冗余节点，从而提高系统的容错性能，降低单个传感器的精度要求。

(2)自组织。一般而言，无线传感器网络节点无法预先获知自身信息，包括位置、网络等。节点必须具有自组织能力，自动进行配置和管理，通过网络协议、拓扑控制机制自动形成系统。在无线传感器网络使用过程中，节点因为能量耗尽，节点自动休眠获知环境因素造成失效等，整个传感器网络节点动态变化，网络的拓扑结构因自组织能力能够动态地变化。自组织工作主要包括自组织通信、自调度网络功能以及自管理网络等。

(3)以数据为中心。人们使用无线传感器网络的目的是获得终端区域的情况，获取数据、传输数据、整合数据是网络的任务。对于用户而言，获取特定监测目标的真实可靠的数据是最为重要的。在使用传感器网络时，用户直接使用其关注的事件作为任务提交给网络，可以说，传感器网络中的查询、感知、传输都是以数据为中心而展开的。

(4)鲁棒性。由于监测区域环境的限制且传感器节点数目巨大,网络的维护变得十分困难,同时由于传感器网络的拓扑结构是动态变化的,传感器网络的通信保密性和安全性也十分重要,必须防止监测数据被盗取和获取伪造的监测信息,传感器网络的软、硬件必须具有鲁棒性和容错性。

(5)微型化。集成电路技术和微机电系统技术的快速发展使得节点变得越来越小,且传感器的节点须功耗低、体积小,未来的传感器节点可能会小到类似于“灰尘”。

无线传感器网络集成了各种技术,能够搭载众多类型的传感器,探测包括地震波、电磁波、压力、土壤成分、压强、叶绿素、温度、湿度、噪声、光强度等在内的周边环境中多种多样的参数。无线传感器网络的应用如下:

(1)军事领域。无线传感器网络具有密集、随机分布特点,适合于恶劣的战场环境中,包括敌我冲突区、敌方地形、监控兵力、装备和物资、敌方首脑区或临时指挥所、判断生物化学攻击等;此外,还能够对兵力部署、物资装备、重要军事地区等进行监控。

(2)农业生产领域。随着人们对农业生产的关注程度越来越高,需要采集的植物生长环境数据越来越多,无线传感器网络通过节点采集的农业生产、运输、加工、销售、食用等一连串数据,为人们提供安全、可靠、放心的有机食品。2015 年 9 月，农业部在重庆召开的农业物联网试验示范工作交流会上，发布了大田种植、设施园艺等 116 项可复制、可推广的节本增效农业应用模式，涵盖温室环境信息智能监控、水肥一体化精准灌溉，农产品质量安全可追溯等。

(3)救灾领域。在易爆场所部署一些对气体浓度具有敏感性的传感器节点实施监控，并把检测到的数据传送给监控中心，一旦发现异常，相关人员可立即采取措施。也可对已发生灾难的区域进行通信支援，及时部署传感器网络，掌握现场情况，以便指挥部能够全面掌握状况，发布及时的指令。

(4)医疗保健领域。将医疗传感器节点安置在人体上采集人体生理参数，将数据简单处理后通过无线方式传输到基站上，监护基站对数据进行进一步处理后转发给监护中心，监护中心进行分析处理，并及时对病人进行信息反馈。例如，罗彻斯特大学的科学家使用无线传感器创建了一个智能医疗房间，使用微尘来测量居住者的血压、脉搏和呼吸、睡觉姿势以及每天 24h 的活动状况。

(5)环境监测。随着人们对环境问题的关注程度越来越高，需要采集的环境数据也日益增多。英特尔实验室的研究人员曾经将 32 个小型传感器连入互联网，读出了缅因州大鸭岛上的气候，用来评价一种海燕巢的生存条件。无线传感器网络还可以跟踪候鸟和昆虫的迁移，研究环境变化对农作物的影响，监测海洋、大气和土壤的成分等。

(6)智能家居。在日常生活中，无论是家庭、办公室或者商场，常需要对一些电子、电器设备进行控制，如空调、电视、音箱、水龙头、开关等。目前，大部分设备采用人工单点控制方式。采用无线传感器网络终端节点控制各独立开关，主控节点通过网络连接到移动平台，人们可通过一个平台控制家庭、办公室或者商场的全部设备，监控各开关状态，监控相关场景的安全数据，如煤气泄漏，烟雾过高，水龙头漏水等，保证人们生活更方便、居家更安全、工作更安心。

(7)工业生产领域。在工业生产中，无线传感器网络可对日常设备进行故障监测、诊断，如设备温度、电压、电流、湿度、压强等，及时获知设备状态，降低设备发生事故的概率；对井矿、核电厂等危险性较高的场合进行及时监控，减少潜在危险；掌控物流的运输过程，物品的存放位置信息，做好物品的及时补充和后勤供应。

(8)其他领域。包括航空领域、交通领域、工厂生产线、海水监测、海底探测、土壤盐碱化监测、植物生长实时跟踪监测、无人区地形地貌监测、沼泽地环境探测、森林环境监测、稀有动植物环境监控以及一些特定场合监控等，如上海世博会的“围网”就采用了无线传感器网络相关技术。

无线传感器网络作为一种信息获取方式，在各个领域都有不同的应用。可以预见,无线传感器网络必将成为人们生产、生活中不可或缺的一部分。

4.海洋开发中的无线传感器网络技术

地球表面有71%是海洋。人们已经知道海洋蕴藏着丰富的资源。早在五千年前人们就对海洋进行过探索,积累了一定的海洋知识。早期,人们对海洋的认知,主要为海洋的动物、植物,及其作为通道的运输作用。随着人类对地球科学研究的不断发展,人类对海洋的研究也不断深入,海洋中的各类资源纷纷被发掘出来。

无线传感器网络在海洋方面的研究包括基础理论研究及应用研究。基础理论研究集中于传感器节点定位覆盖技术、通信协议、能量控制等方面。海洋通信环境与空气中的通信环境差别很大,海水对无线电的吸收,散射要比空气中严重得多,因此针对海洋环境下无线传感器网络节点定位研究,三维定位方式研究以及海洋中无线传感器网络节点的覆盖研究不断出现各种方法,但到目前为止,还没有任何一种能够有效地适合任何情景下的覆盖或定位的技术。

无线传感器网络可对海洋环境进行实时监测,目的在于在对海洋资源开发的同时,进行海洋生态的适度保护。海洋环境实时监测系统还能够为公众或科研实施提供海洋生物资源和生态环境的变化信息。海洋环境实时监测系统一般流程为，无线传感器网络子节点，实时采集温度、盐度、深度、pH 酸碱度、水速流向、叶绿素等海洋数据，并发送给簇节点；簇节点将接收的数据处理、压缩、打包后，通过卫星信号发送给近海工作站控制电脑；控制电脑将数据解包；解压后，通过移动通信网络或者光纤网络，将数据存入远端数据库。用户即可通过移动终端或者互联网实时查看实时的海洋环境数据。目前，比较有特色的海洋监测项目包括美国海洋监测 IOOS 项目、欧洲的海洋监测 ROSES 项目、美法联合研制的 ARGOS 系统以及国际海洋监测 GOOS 项目等。

海洋石油开发事业伴随着人类对石油的渴求应运而生，无线传感器网络技术可以应用于海洋平台结构，海洋平台在石油开采中起着至关重要的作用。早期投入生产的海洋石油设施已逐渐临近设计寿命末期，甚至超出了设计的服役期，这给石油开采带来潜在危险。海洋平台结构安全工作成为人们日益关注的焦点，海洋平台结构安全工作已经提上议程。

人们利用传感器节点对渔场内的养殖鱼进行现代化管理，利用传感器技术对远程渔场进行控制，对作业渔船进行技术改造。

无线传感器网络技术在海洋中的理论研究和应用，将促进海洋产业的快速发展。

1.2　无线传感器网络覆盖及定位问题研究现状

无线传感器网络节点数量巨大，要保持网络正常工作，网络必须具有自组织性和鲁棒性。网络覆盖节点的有效性以及网络内节点定位准确性成为无线传感器网络的基本功能。水下无线传感器网络技术的研究目前依然处于实验室研究和小规模测试阶段，而应用则比陆地要复杂得多，节点覆盖、定位及其优化是水下无线传感器网络的研究对象。

1.无线传感器网络覆盖问题研究现状

无线传感器网络要完成目标监测和信息获取，须保证节点有效覆盖被监测区域或目标。根据部署方式，分为节点确定性部署、随机性部署和可移动部署；根据覆盖类型，分为同构节点覆盖、异构节点覆盖和混合节点覆盖；根据覆盖对象，分为目标覆盖（点覆盖）、栅栏覆盖（线覆盖）和区域覆盖（面覆盖）。不同应用网络具有不同的结构与特性，覆盖方式也不同。根据目标特性不同，目标覆盖分为静态目标覆盖和动态目标覆盖；按照无线传感器网络节点不同配置方式，覆盖问题分为确定性覆盖、随机覆盖两大类；根据传感器的感知能力不同，分为二进制感知模型和指数感知模型。

无线传感器网络覆盖控制及算法：

(1)区域覆盖算法。覆盖问题中，研究最多的问题之一是区域覆盖。区域覆盖要求节点完全覆盖整个目标区域，使网络中每个点均被传感器节点覆盖。完全覆盖、节约能量区域覆盖优化和移动节点覆盖也是研究目标。

基于冗余节点判断、采样点、不交叉优势集、多重 k 级、网络连通性等方面的覆盖控制算法已经陆续被提出。有研究者提出，一种基于概率覆盖模型的密度控制算法，在保证足够网络覆盖能力的前提下，能够关闭掉冗余节点，减少网络的总能量消耗。有研究者将整个区域覆盖近似地看成点覆盖，把区域覆盖问题转化为集合覆盖问题，该算法需要一个中心节点来执行。有研究者设计了一种判断传感器节点周长覆盖算法，用于计算确定的区域是否能被 k 个传感器节点覆盖，该算法可应用于定位、对环境监测能力要求较高或对容错能力要求较高的环境。针对满足不同需求的覆盖度，有研究者提出一种网络配置协议(CCP)能动态地配置网络，并将 CCP 和 SPAN 协议相结合来保证网络的覆盖和连通性。有研究者利用通过选择连通的传感器节点路径来得到最大化的网络覆盖效果，分别设计了集中式与分布式两种贪婪算法。

若网络中任意两节点可以进行通信，则该网络是连通的，其基本思想仍然是通过减少活跃节点数量，降低系统整体能耗，延长网络生存时间。基于网络连通性的覆盖控制算法的研究目标是保持足够覆盖的前提下，选择最少工作节点在位置、距离上满足全网通信。

(2)点覆盖算法。任意时刻只要有一个传感器节点集合处于工作状态，其他集合将被依次唤醒。点覆盖优化就是确定不相交集合的最大数，相当于延长了每个传感器两次激活的时间间隔，从而使得整个网络寿命得到了延长。点覆盖就是要求离散的点目标在任意时刻至少被一个传感器覆盖。

将监测区域被所有的网格点代替，由此整个区域覆盖可被近似地看成点覆盖，从而把区域覆盖问题转化为集合覆盖(set-covering)问题。集合覆盖作为典型的NP-hard问题，使用了贪婪算法来求解近似最少工作节点集。该算法中，网络生存时间被划分为若干等长的时段，在每个时段初期，节点随机产生一个位于该时段内的参考时间点。该算法使用离散网格点作为网络覆盖区域的近似，并使用网格点来判断目标区域是否被充分覆盖。

如果将网络节点划分为若干个互不相交的节点集合，每一个节点集合能够完全覆盖目标点，通过周期性的调度节点集合，使得在任意时刻只有一个节点集合处于活跃工作状态，其他节点集合全部处于睡眠状态，从而有效延长整个网络的生存时间。

(3)栅栏覆盖相关算法。栅栏覆盖一般存在于战场环境下，栅栏覆盖有两方面内容：一是要求敌方穿越我方区域时不被发现的概率最小；二是我方在穿越敌方区域时不被发现的概率最大。在一片节点部署的区域内,目标可能以任何路径穿越这片区域。研究人员提出了基于最差情形和最好情形的算法以及基于暴露模型的算法。

采用概率感知模型,节点的探测能力随距离的增加呈指数衰减。如果存在这样一条路径,其上的每一个点与最近节点的距离最大,那么目标在一定时间沿这条路径穿越时不被发现的可能性最大,这条路径就称为最大突破路径。

在感知模型中,除了目标暴露覆盖模型控制算法采用指数感知模型,其他都采用二进制感知模型,因而这种模型不符合实际应用环境。从网络覆盖能力上看,基于冗余节点判断的覆盖控制算法、基于采样点的覆盖控制算法、基于多重 k 级覆盖控制算法、基于网络连通性的覆盖控制算法、基于最差情形和最好情形的覆盖控制算法较强。

2.无线传感器网络定位问题研究现状

无线传感器网络节点自定位技术中,需要对节点之间的距离或方位进行测量,常用的测量方法有 RSSI (Received Signal Strength Indicator)、TOA(Time of Arrival)、TDOA(Time Difference of Arrival)和 AOA (Angle of Arrival)。对于已知发射功率 RSSI 技术,用理论或经验传播模型将传播损耗转化为距离。TOA 技术通过测量信号的传播时间来测量距离。TDOA 技术则是通过测量信号的传播时间差来测量距离,该技术广泛应用在无线传感器网络的定位方案中，有多种定位算法使用TDOA实现测距。AOA技术，采用估算邻居节点发送信号方向的技术，通过天线阵列或多个接收器结合来实现。一般情况下，RSSI和TDOA两种技术结合使用。

无线传感器网络现有多种定位方式：绝对定位与相对定位，集中式与分布式定位，距离有关和距离无关定位，递增式和并发式定位等。

无线传感器网络中任何一种节点定位算法都必须考虑基础设施、网络的连通性、节点密度、信标节点密度、测距精度、通信开销和计算开销等因素，考虑不良节点和毁坏的节点对定位算法的影响，以保证定位算法的可靠性。无线传感器网络算法包括：三边测量法，三角测量定位方法，质心算法，凸规划定位算法，APS（Ad-hoc Position System）算法，Amorphous定位算法，Cooperative ranging算法，Two-Phase positioning算法，Ecolocation算法，APIT定位算法，恒模算法（CMA）等。经过长期研究发现，无线传感器网络的定位算法从理论研究到具体实现并不能一蹴而就，要对节点定位算法从理论到实现过程中的细节进行反复研究，并最终在实际环境中测试、应用。

3.海洋中的无线传感器网络技术难点

海洋环境下的无线传感器网络同陆地上一样，取决于实际应用环境，根据不同的应用要求，选择不同传感器。

无线传感器网络的海洋应用场景包括海洋平台类、海洋牧场、船舶系统类、养殖网箱、海岸线、近海区域、远海区域等。海上石油平台应用包括平台自身平衡性能监测、平台周围海况监测、平台设备监测等;船舶类应用包括船舱监测、发电机组监控等;近海区域监测,可获取地震信息、海洋生物群落信息和海啸信息等;还可以实现海洋气象预报,开展海洋特性研究等。此外,海洋军事观测网也是其中的重要一块。

海洋无线传感器网络因使用环境受到海洋潮汐、海水腐蚀、水温、光照、水质、风、浪等因素影响,使传感器网络出现了特殊情况,如产品腐蚀问题,通信传播高时延、动态变化问题,信道衰落及多径效应问题、水下传感器节点的供电问题、网络能量管理问题,传感器网络节点的覆盖问题、节点定位问题等。

海洋环境变幻莫测,布放传感器网络除了考虑实验环境下网络的安全可靠外,还需要考虑在海洋环境下节点遗失、断电、漂移、晃动等带来的网络稳定性、动态性等问题。

海洋环境下无线传感器网络的研究正在如火如荼地展开,然而环境的特殊性,使得大规模使用无线传感器网络及使用标准化无线传感器网络都存在着相当大的阻力,也正因为这些阻力的存在,人们正在各个行业进行着各样的研究。

1.3 无线传感器网络应用案例

1.军事应用

军事一般是指军队事务，与国家及政权的国防武装力量有关。美国国防高级研究项目署首先于20世纪70年代资助了传感器网络技术研究项目，专门研究以无线传感器网络为基础的军事监视系统；1980年，美国国防部高级研究计划局Robert Kahn主导，由卡耐基梅隆大学、匹兹堡大学和麻省理工学院等大学研究人员配合，建立低功耗传感器网络研究。20世纪80—90年代，无线传感器网络研究目标仍然是用于军事领域，在21世纪初，世界许多国家的高校、研究所、企业纷纷进入其中，2010年后，无线传感器网络得到飞速发展。

目前来看，无线传感器网络的军事应用包括监测本部装备、弹药情况，监视本部地形、友军状态、战场动态，侦察敌军军队异动、敌军地形，支持目标锁定、生化袭击，定时为一线作战人员提供现场信息等，即尽可能采集己方、友方、敌方的各种信息，为管理层提供充足决策依据。根据公开的军事战例，可以看到当下的技术发展水平。

(1) 智能微尘(smart dust)。智能微尘是无线传感器网络的早期军事应用之一。美国国防部资助项目主要目的是在敌对环境下为己方人员提供技术支持。智能微尘由微处理器、无线电收发装置、网络等组成，将一些微尘布放在一定范围内，它们就能够相互定位，收集包括敌情、生化物品、基础设施等数据并向基站传递信息。美国军方资助该项目目标不在于研究传感器本身，而是研究收发设备和控制单元。当时所设计智能微尘节点呈现球状，大小 $100mm^3$，内含双芯片，分别是 MEMS 光发射阵列和光接收机、电泵、数字 CMOS 电路。该技术发展多年后，促进了多项新的发明、应用出现。未来的智能微尘可以悬浮在空中，实现搜集、处理、发射信息等功能，而远程传感器芯片能够跟踪敌人的军事行动，形成严密的监视网络。

(2)VigilNet 系统。VigilNet 系统目标针对一些特别军事任务，这些任务需要高度隐蔽且执行任务人员风险高。VigilNet 系统由 70 个 MICA2 节点构成微型网络，该网络广泛评估 VigilNet 中间件组件和集成系统。该系统任务是获取和核实有关敌方目标状态、位置等信息。对于军方来说，使用无线传感器网络部署无人监视任务，具有非常重要的实际意义。

网络布局的节点使用了分层结构，从而延长了 VigilNet 系统的生命周期。VigilNet 系统，主要包括以下几个阶段：系统初始化，包括邻居节点发现、哨兵选择、状态上报、电源管理及事件追踪等，每个周期都是通过复位进行定期启动，其后进行初始化执行等。该系统实现了有层次的休眠/唤醒机制，明显提高了军事追踪应用的能量管理能力，实现更优化工作。

(3)机智传感网（Smart Sensor Web，SSW）。美国陆军针对网络中心战需求，提出要开发新型传感器网络，其基本思想是在战场上布设大量传感器以收集、中继信息，首先对相关原始数据进行过滤，然后把那些重要的信息传送到各数据融合中心，最后将大量信息集成为一幅战场全景图。SSW 系统通过地面车辆、无人机、卫星等手段获得高分辨率数字地图、地貌、频谱图等信息，构建出大型动态传感器矩阵，并及时更新数据库。该系统向相关人员提供实时战场信息，如战场中公路、建筑、天气、关键目标位置等信息，为交战网络提供诸如行动、开火、装甲车、爆炸等真实事件信息。该系统结合气候或武器层信息，生成有关作战环境的全景图，为参战人员、战场指挥官提供有力参考。

(4)CEC(Cooperative Engagement Capability)系统。美国海军的 CEC 系统，通过雷达数据、舰船感知数据、飞机战斗群感知数据采集，并利用这些数据合成精度很高的图片，能够快速而准确地跟踪混乱战争环境中的敌机和导弹，保证了战船可以击中多个地平线或地平线以上近海面飞行的超声波目标。

(5)防生化网络。为了应对地铁、车站等场所的生化武器袭击，美国 Sandia 国家实验室与美国能源部所研发的防生化网络技术，一旦检测到有害物质，自动向管理中心通报，自动引导旅客避难，并封锁有关入口等。

(6)狙击手侦测系统。狙击手侦测系统通过识别狙击手的轻武器火力，实现对狙击手的精确定位。该系统包括车载和麦克风阵列，通过声学传感器监测相关音频变化，实现对狙击手位置的估计。其所构建网络由 MICA2 节点构成，传感器中装入了 DSP 芯片，以实现实时监测和分类。

2.工业应用

工业，通常是指采集原料、加工成产品的工作过程，有时候专门指加工场所。一般认为，工业是社会分工发展的产物。许多公司/工业厂房因设备停运将产生巨大损失，产生了对生产设备在线监测的需求。无线传感器网络已经成为工业在线监测的重要技术之一。

(1)FabApp。在 Intel 的半导体工厂中，数以千计的传感器监测着各个设备的状况。而这些设备的健康状态可以通过再振动分析技术来检测。FabApp 系统由大量 MICA2 传感器以及 Intel 微尘传感器、网关构成。FabApp 系统分为三层，分别是最底层的 MICA2 组成的微尘，用于手机信息；第二层是网关层，由高端节点组成，覆盖在第一层传感器网络之上；最上一层，根节点层，该层连接到企业网络中，从而实现底层数据收集、管理和传输，并送至最终监控者面前。

(2)EMS 监测。美的集团总部决定对下设分厂进行及时有效监控、信息分析，为公司日常运营和决策提供相关数据。美的集团当时有7个分厂，分别是总装一分厂、总装二分厂、总装三分厂、轻商分厂、注塑分厂、电子分厂、部装分厂。在建设该信息管理时，其需求包括实现对各分厂的各线体现场电能表、各种流量计量表（主要指压缩空气流量、石油气流量、氧气流量、氮气流量等）的实时数据采集及监控；实现各分厂的各线体的用电量、用压缩空气量、用石油气量、用氮气量、用氧气量等的计算、统计、分析；实现统计报表功能、实时数据和状态显示功能、历史和实时曲线功能、远程控制功能、管理功能、冗余功能；要求系统具有良好的开放性，可以与其他信息系统等进行数据交换。

该集团通过在各分厂安装指定功能的传感器，实时传输各类数据，分析处理、管理这些数据，最终实现了宏观上对各分厂的管理，完成了既定任务。

3.医疗领域

无线传感器网络已经为人们提供了很多医学帮助，包括心脏状态监测、心率监测、心血管检测、医疗诊断、医药管理、病人综合监管等。

(1)人工视网膜AR。人工视网膜项目是由美国能源部支持，旨在开发一张可长期植入的人工视网膜以帮助视力受损者。该系统工作原理是，通过一个微型摄像机来捕获外部世界的视觉信息，并将信息以无线方式传输至传感器，微处理器将该信息转换成电信号，电信号再转换为微电极信号，而微电极一般植入在沿视网膜光感受器位置，微电极通过视神经将电脉冲发送到大脑。人工视网膜项目已经开发出三种模型：第一种模型是 Argus Ⅰ，已经完成测试；第二种模型是 Argus Ⅱ，正进行临床测试；第三种模型是 Argus Ⅲ，尚在开发中。

（2）CodeBlue 和 ALARM-NET。哈佛大学的 CodeBlue 系统重点研究可穿戴传感器，所设计传感器主要用于监测患者日常生活的重要生命体征。传感器采用无线测量节点，设计带有血氧仪、心电图、肌电图等，系统通过各传感器节点采集的数据，进行综合分析后，传送至医务人员的工作平台上，以便监控病人情况。ALARM-NET 同 CodeBlue 功能类似，但该系统主要用于辅助老年人的生活和监测相关数据。老人只要佩戴系统中的传感设备，就能够实时传递身体数据，包括体温、脉搏等信息。

(3)其他情况。无线传感器网络在医疗应用中除了用于人体监测和生命检测外，也被用于紧急响应，即在特殊情况下，自动监测和评估伤亡人员的生命体征。Mitag 系统包括了几种常见传感设备，如 GPS、脉搏、血氧饱和度、血压、温度和心电图传感器等，使用这些设备有利于应急处理人员监测紧急事故中伤亡人员的生命体征，进而确定采用何种医疗手段。

4.环境监测应用

无线传感器网络的自主协调能力在各种环境检测中得到了广泛应用,环境监测应用包括大型地球监测,行星探测,化学检测,生物检测,精准农业、土壤和大气环境监测,森林探测,地球物理研究等。

(1) 大鸭岛实验。大鸭岛实验项目是大西洋学院和加州大学伯克利分校实验室的合作项目,研究缅因州大鸭岛上海鸟分布和数量。

该无线传感器网络节点主要采用 MICA 传感器。MICA 传感器主要可以测量包括温度、光敏、气压、湿度和温差等;所采集数据通过节点初步处理后,传送至网关节点,网关通过点对点的远距离通信方式,将信息传送到远端基站。通过测量洞穴和筑巢的占用情况,分析微气候对海鸟栖息地选择的影响。该系统于 2002 年启动,已经为人们研究海鸟特性提供了重要信息。

(2)CORIE。哥伦比亚河生态系统(CORIE)由海岸中心和俄勒冈研究所建立,适用于环境监测和预报的系统。CORIE 系统是由 24 个在哥伦比亚河或围绕哥伦比亚河口和其他俄勒冈河口的传感器站组成,每个传感器站都装备了各种诸如监测水流速、水温、盐度、深度等的传感器,并部署了气象观测站。

CORIE 的目的在于从传感器观测信息,结合数值数据模型来描述该生态系统的物理状态，进而研究表征复杂的循环和混合过程，来预测生态可能发生的变化。

(3) ZEBRANET。ZEBRANET 用于研究斑马的长期运动模式，研究斑马之间、斑马与其他物种之间的相互作用以及人类发展对其产生的影响。该系统部署在肯尼亚，主要追踪两种斑马。

ZEBRANET 系统由附着在斑马颈部收集位置信息的传感器组成，传感器每三分钟记录一次斑马位置。生物学的研究表明，收集到的位置样本信息可以用来开发运动模型。

(4)洪水预警。麻省理工学院开发了一种应对洪都拉斯频繁的水灾预测系统。洪水监测需要传感器节点覆盖范围很大，涉及三种不同的传感器：测量降雨量、气温和水流量的传感器。每组位置相近的传感器组成传感器组。计算节点完成数据收集和信息处理任务，一旦有潜在的洪水危险，计算节点将通知控制节点；控制节点完成综合数据可视化和网络维护任务，并将最终报警信息发送至各个终端。

美国国家海洋局对俄克拉何马州蓝河七年的数据进行收集，通过对比验证认为，麻省理工学院所开发模型是有效的。从 2007 年 10 月到 11 月，该传感器组在马萨诸塞州的查尔斯河进行了安装测试。

5.其他应用

无线传感器网络的应用已经迅速进入各行各业，仅就智能家居而言，就涉及了很多产品，包括智能插座、灯控、自来水监测仪、电视、微波炉、智能冰箱、智能家庭音箱等。中国典型绿色家电企业包括海尔、格力、海信、美的，互联网企业包括阿里巴巴、百度、腾讯，通信和移动设备企业包括华为、小米、oppo 等，新兴公司包括 wulian、紫光等，均采用无线传感器网络技术，争夺智能家居行业新高点。

智能商业涵盖了众多企业，如亚马逊、阿里巴巴、京东、盒马鲜生、等等。它们都不同程度地采用了无线传感器网络等技术。

对于智能物流、智慧城市、智能车联网、智能电网、智能船联网等，无线传感器网络技术在其中发挥着不可或缺的作用。

1.4 本书安排

无线传感器网络从概念提出到应用研究已经走过了几十年，本书针对网络的覆盖和定位技术研究进行一些探讨，介绍覆盖定位算法的优化控制原理，并将这些原理应用到无线传感器网络节点的覆盖和定位技术中。需要指出的是,本书所指无线传感器网络技术,不局限于陆地空间,还包括无线传感器网络技术在水域、水体环境中的应用研究,其已在理论上获得初步研究结果。

本书包括绪论、仿生控制技术及应用等六章。每一章末尾都放置参考文献,以便读者学习参考。

参考文献

[1]孙利民,李建中,陈渝. 无线传感器网络[M].北京:清华大学出版社,2005.

[2] Zhang H. Underwater Sensor Network Nodes Self-localization in Electronic Technology[M]//Jin D, Lin S. Advances in Mechanical and Electronic Engineering. Berlin: Springer Berlin Heidelberg,2012.

[3]马祖长,孙怡宁,梅涛.无线传感器网络综述[J].通信学报,2004,25(4).

[4] Hua Z, YuLiang-L. Hierarchical self-localization of underwater wireless sensor network nodes[J].Journal of Chongqing University(English Edition), 2013,12(1).

[5]叶光.传感器网络覆盖控制问题研究[D].北京:北京理工大学,2016.

[6]Zhang Yuan, Liu Shutang, Zhao Xiuyang, et al. Theoretic analysis of unique localization for wireless sensor networks[J]. Ad Hoc Networks,2012,10(3):623—634.

[7]He T, Krishnamurthy S, Stankovic J A, et al. VigilNet: An Integrated Sensor Network System for Energy-efficient Surveillance[J]. ACM Transactions on Sensor Network,2006(2).

[8]王福豹,史龙,任丰原.无线传感器网络中的自身定位系统和算法[J].软件学报,2005(16).

[9] Kaiwartya O,Kumar S,Lobiyal D K, et al. Performance improvement in geographic routing for Vehicular Ad Hoc Networks [J]. Sensors (Basel,Switzerland),2014(14).

[10]林金朝,陈晓冰,刘海波.基于平均跳距修正的无线传感器网络节点迭代定位算法[J].通信学报,2009(30).

[11]张华.无线传感器网络的三边定位改进算法[J].集美大学学报(自然科学版),2012(17).

[12]任彦,张思东,张宏科.无线传感器网络中覆盖控制理论与算法[J].软件学报,2006(17).

[13] Huang C F, Tseng Y C. The coverage problem in a wireless sensor network[C]. Proc of the ACM Int'l Workshop on Wireless Sensor Networks and Applications, New York: ACM Press, 2003.

[14] 宫鹏.无线传感器网络技术环境应用进展[J].遥感学报,2010(14).

[15] 崔莉,鞠海玲,苗勇,等.无线传感器网络研究进展[J].计算机研究与发展,2005(42).

[16] Tian D, Georganas N D. A node scheduling scheme for energy conservation in large wireless sensor networks[J]. Wireless Communications and Mobile Computing, 2003(3).

[17] Zhang H, Hou J C. Maintaining sensing coverage and connectivity in large Sensor networks[J]. Ad Hoc&Sensor Wireless Networks, 2005(1).

第2章　仿生控制理论

2.1　遗传算法

1.遗传算法基础

算法是对解决方案准确、完整的描述，是一系列解决问题的清晰指令，代表着用系统方法描述解决问题的策略机制，是解决问题的一系列步骤。算法中，指令描述的是计算，当其运行时能从一个初始状态、初始输入开始，经过一系列有限而清晰定义的状态，最终产生输出并停止于一个终态，而一个状态到另一个状态的转移不一定是确定的。如果一个算法有缺陷，或不适合于某个问题，执行这个算法将不会解决这个问题。不同的算法可能用不同的时间、空间或效率来完成同样的任务。一个算法的优劣可以用空间复杂度与时间复杂度来衡量。

一直以来自然界都是人类创造力的丰富源泉，自然界中的许多自适应优化现象不断给人以启示，生物体和自然生态系统可通过自身的演化就使许多在人类看起来高度复杂的优化问题得到完美解决。目前，在人们研究并解决问题过程中，产生了许多算法，诸如神经网络、KNN（K-Nearest Neighbour）算法、支持向量机、免疫算法、遗传算法、蚁群算法、萤火虫算法、鱼群算法、微粒群算法、人工免疫算法、混合蛙跳算法、Adaboosting 算法、模拟退火算法等。本章就遗传算法、蚁群算法进行简要介绍。

遗传算法思想是基于查尔斯·罗伯特·达尔文的进化论和格里哥·孟德尔的遗传学说。达尔文指出，生物普遍发生能遗传的变异；由于食物和空间有限，生物又有过度繁殖的倾向，必然发生生物与生物之间、生物与周围环境条件之间的生存斗争；在生存斗争中，那些具有有害变异的个体容易死亡，那些具有有利变异的个体容易生存下来并繁殖后代。达尔文把有利变异的保存和有害变异的淘汰称作自然选择。在生存斗争中，自然选择作用于能遗传的不定变异，产生“汰劣留良”的效果；被选的有利性状在世代传递过程中逐渐保存积累，物种由此演变，新种由此产生。

1858 年，达尔文用自然选择来解释物种起源和生物进化，其学说包括以下几点：

(1)遗传。它是生物普遍特征，所谓“种瓜得瓜，种豆得豆”,亲代把生物信息交给子代,子代按照所得信息而发育、分化,子代总是和亲代具有相同或相似性状。

(2)变异。亲代和子代之间,子代不同个体之间总有些差异,而变异是随机发生的,变异是生命多样性的根源。

(3)适者生存。由于弱肉强食的生存斗争不断在进行,结果是具有适应性变异的个体被保留下来,不具有适应性变异的个体被淘汰,通过一代代的生存环境的选择作用,物种变异被定向一个方向积累,于是性状逐渐和原先的祖先种不同,演变为新的物种。自然选择过程是一个长期的、缓慢的、连续的过程。

达尔文的进化理论是生物学史上的一个重要里程碑,它解释了自然选择作用下生物的演进过程。按照达尔文的自然选择学说,适应是个两步过程:第一步是变异的产生,第二步是通过生存斗争的选择,即适应=变异+选择。进化论最重要的论断是能够生存下来的往往不是最强大的物种,也不是最聪明的物种,而是最能适应环境的物种,即适者生存原理。

遗传算法的研究历史追溯到20世纪六七十年代。1967年,美国Michigan大学的John Holland的学生J.D. Bagley在博士论文中首次提出“遗传算法(Genetic Algorithms)”一词;此后,Holland指导学生完成了多篇有关遗传算法研究的论文;1971年,R.B.Hollstien在他的博士论文中首次把遗传算法用于函数优化。1975年,Holland出版了他的著名专著《自然系统和人工系统的自适应》(*Adaptation in Natural and Artificial Systems*),这是第一本系统论述遗传算法的专著,有人把1975年作为遗传算法的诞生年。Holland在该书中系统地阐述了遗传算法的基本理论和方法,并提出了对遗传算法的理论研究和极其重要的模式理论(schema theory),该理论首次确认了结构重组遗传操作对于获得隐并行性的重要性。1975年,K. A.De Jong完成了他的博士论文《一类遗传自适应系统的行为分析》,该论文把Holland的模式理论与他的计算实验结合起来。尽管De Jong和Hollstien一样主要侧重于函数优化的应用研究,但他将选择、交叉和变异操作进一步完善和系统化,同时又提出了诸如代沟等新的遗传操作技术。De Jong的研究工作为遗传算法及其应用打下了坚实的基础,他所得出的许多结论,迄今仍具有普遍的指导意义。美国遗传学家摩尔根进一步确立了染色体的遗传学说,认为遗传形状是由基因决定的,染色体的变化必然在遗传形状上有所反映。生物的形状往往不是简单地决定于单个基因,而是不同基因相互作用的结果,基因表达要求一定的环境条件,同一基因型在不同的环境条件下可以产生不同的表现型。

1985年,美国卡耐基梅隆大学召开了第一届国际遗传算法会议,到20世纪末,遗传算法作为具有系统优化、自适应和学习高性能计算、建模的研究日趋成熟。

2.算法原理和步骤

基因是产生一条多肽链或功能 RNA 所需的全部核苷酸序列，支持着生命的基本构造和性能，并储存着生命的种族、血型、孕育、生长、凋亡等过程的全部信息。染色体作为遗传物质的主要载体，是多个基因的集合，决定了个体形状的外部表现，如头发、皮肤等。遗传算法是从可能解集的一个种群开始，种群则由经过基因编码的一定数目的个体组成，每个个体是染色体带有特征的实体。

由于基因编码很复杂，一般首先进行简化处理，如二进制编码。当初代种群产生后，按适者生存、优胜劣汰准则，根据个体的适应度、大小、选择等，逐代演化出越来越好的近似解，借助遗传算子进行组合交叉、变异，产生出新解集的种群。种群就像自然进化一样，末代种群中的最优个体经过解码，并作为问题最优解。

Holland 提出了遗传算法采用二进制编码来表现个体的遗传基因，该编码用二进制符号 0 和 1 表达遗传基因。简单有效的遗传操作使得遗传算法获得了广泛应用。遗传算法包括三个基本操作：选择、交叉和变异。

(1)选择。选择算子又称再生算子，是指从群体中选择优胜的个体，淘汰劣质个体的操作。选择目的是把优化的个体直接遗传到下一代或通过配对交叉产生新的个体再遗传到下一代。选择操作建立在群体中个体的适应度评估基础上。常用选择算子包括适应度比例方法、随机遍历抽样法、局部选择法。常用的选择算子如下：

①轮盘赌选择：是一种回放式随机采样方法，每个个体进入下一代的概率等于它的适应度值与整个种群中个体适应度值和的比例。

②随机竞争选择：每次按轮盘赌选择一对个体，让这两个个体进行竞争，适应度高的被选中，如此反复，直到选满为止。

③最佳保留选择：先按轮盘赌选择方法执行遗传算法的选择操作，然后将当前群体中适应度最高的个体结构完整地复制到下一代群体中。

④无回放随机选择：根据每个个体在下一代群体中的生存期望来进行随机选择运算。

⑤确定式选择：按照一种确定的方式来进行选择操作。

⑥无回放余数随机选择：确保适应度比平均适应度大的个体能够被遗传到下一代群体中。

⑦均匀排序：对群体中的所有个体按其适应度大小进行排序，基于这个排序来分配各个个体被选中的概率。

⑧最佳保存策略：当前群体中适应度最高的个体不参与交叉运算和变异运算，而用它来代替掉本代群体中经过交叉、变异等操作后所产生的适应度最低的个体。

选择算子的编码方法有二进制编码、格雷码编码、浮点数编码、各参数级联编码、多参数交叉编码。评估编码的三个规范:完备性、健全性、非冗余性。该类二进制编码存在一些缺点,包括不便于快速反映所求问题的特定知识;对于多维、高精度的连续函数优化无能为力,连续函数离散化存在映射误差;个体编码串较短会造成精度达不到要求;个体编码串较长时,提高了精度却使得算法搜索空间急剧增大等。

(2)交叉。交叉操作是对两个相互配对的染色体按某种方式相互交换其部分基因,形成两个新的个体。适用于二进制编码个体或浮点数编码个体的交叉算子:

①单点交叉:指在个体编码串中只随机设置一个交叉点,在该点相互交换两个配对个体的部分染色体。

②两点交叉与多点交叉:两点交叉在个体编码串中随机设置了两个交叉点,然后再进行部分基因交换。多点交叉在个体编码串中随机设置了多个交叉点,然后再进行部分基因交换。

③均匀交叉:两个配对个体的每个基因座上的基因都以相同的交叉概率进行交换,从而形成两个新个体。

④算术交叉:由两个个体的线性组合而产生出两个新的个体。

(3)变异。遗传算法中的变异运算,是指将个体染色体编码串中的某些基因座上的基因值用该基因座上的其他等位基因来替换,从而形成新的个体。

以下变异算子适用于二进制编码和浮点数编码的个体:

①基本位变异：对个体编码串中以变异概率、随机指定的某一位或某几位基因座上的值作变异运算。

②均匀变异：分别用符合某一范围内均匀分布的随机数，以某一较小的概率来替换个体编码串中各个基因座上的原有基因值。

③边界变异：随机地取基因座上的两个对应边界基因值之一去替代原有基因值。特别适用于最优点位于或接近于可行解的边界时的一类问题。

④非均匀变异：对原有的基因值做一随机扰动，以扰动后的结果作为变异后的新基因值。对每个基因座都以相同的概率进行变异运算之后，相当于整个解向量在解空间中做了一次轻微的变动。

⑤高斯近似变异：进行变异操作时用符号均值为 P 的平均值，方差为 P_2 的正态分布的一个随机数来替换原有的基因值。

(4)适应度函数。适应度函数也称评价函数，是根据目标函数确定的用于区分群体中个体好坏的标准。适应度函数总是非负的，而目标函数可能有正有负，故需要在目标函数与适应度函数之间进行变换。

评价个体适应度的一般过程如下。

①对个体编码串进行解码处理后，可得到个体的表现型。

②由个体的表现型可计算出对应个体的目标函数值。

③根据最优化问题的类型，由目标函数值按一定的转

换规则求出个体的适应度。

适应度尺度变换：在遗传算法的不同阶段，对个体的适应度进行适当的扩大或缩小。常用的尺度变换方法如下：

- 线性尺度变换：$F'=aF+b$。
- 乘幂尺度变换：$F'=Fk$。
- 指数尺度变换：$F'=\mathrm{e}^{-\beta F}$。

(5)约束条件处理。

①搜索空间限定法：对遗传算法的搜索空间的大小加以限制，使得搜索空间中表示一个个体的点与解空间中的表示一个可行解的点有一一对应关系。

②可行解变换法：在由个体基因型向个体表现型的变换中，增加使其满足约束条件的处理过程，即寻找个体基因型与个体表现型的多对一变换关系，扩大搜索空间，使进化过程中所产生的个体总能通过这个变换而转化成解空间中满足约束条件的一个可行解。

③罚函数法：对在解空间中无对应可行解的个体计算其适应度时，处以一个惩罚函数，从而降低该个体的适应度，使该个体被遗传到下一代群体中的概率减小。

(6)优化方法。

①枚举法。枚举出可行解集合内的所有可行解，以求出精确最优解。对于连续函数，该方法先对其进行离散化处理，而离散处理则达不到最优解。当枚举空间比较大时，使得求解效率比较低，还有可能无法求解。

②启发式算法。寻求一种能产生可行解的启发式规则,以找到一个最优解或近似最优解,对每一个需求解必须找出特有启发式规则,这个规则一般没有通用性,不适于其他问题。

③搜索算法。寻求一种搜索算法,该算法在可行解集合的一个子集内进行搜索操作,以找到问题的最优解或者近似最优解,保证不了一定能够得到问题的最优解,若适当地利用一些启发规则,可在近似解质量和效率上达到一种较好的平衡。

随着问题种类差异及问题规模扩大,通用优化方法及有限代价之间存在权衡。遗传算法的独特特点,使之成为一种较为有效的解决方案,特点包括:①具有较强自组织、自适应和智能性能。遗传算法基于自然的选择策略为“适者生存,不适应者被淘汰”,即适应度大的个体具有较高的生存概率,适应度大的个体具有更适应环境的基因结构,通过基因重组和基因突变等遗传操作,可能产生更适应环境的后代。②搜索并行特性。遗传算法按并行方式搜索种群数目,并采用种群的方式组织搜索,可同时搜索解空间内的多个区域,并相互交流信息。③遗传算法不需要求导或其他辅助知识,只需要影响搜索方向的目标函数和相应的适应度函数。④遗传算法强调概率转换规则,而不是确定的转换规则。⑤遗传算法可以直接应用。⑥遗传算法对给定问题,可以产生许多的潜在解,最终选择可以由使用者确定。

统计学的研究表明：在随机搜索中，要获得最优的可行解，则必须保证较优解的样本呈指数级增长，而模式定理保证了较优的模式的样本呈指数级增长。积木块假设指出，阶数低、长度短、适应度高的模式（积木块）在遗传算子作用下，相互结合，能生成阶数高、长度长、适应度高的模式，可最终生成全局最优解。一些好的模式在遗传算子操作下相互拼搭、结合，产生了适应度更高的串，从而找到更优的可行解，这正是积木块假设所要揭示的内涵。模式定理保证了较优的模式样本数呈指数级别增长，进而满足了寻找最优解的必要条件，即遗传算法存在着寻找全局最优解的可能性；而积木块假设则指出了，遗传算法找到全局最优解的能力。

3.遗传应用

遗传算法提供了一种求解复杂系统优化问题的通用框架，它不依赖于问题的具体领域，对问题的种类具有鲁棒性。遗传算法在生物技术和生物学、化学和化学工程、计算机辅助设计、物理学和数据分析、动态处理、建模和模拟、医学和医学工程、微电子学、模式识别、人工智能、生产调度、机器学人、开矿工程、电信学、售货服务系统等领域都得到了广泛的应用。

遗传算法主要应用于以下几个领域：

（1）函数优化是遗传算法的经典应用领域，也是对遗传算法进行性能评价的常用算例。有人构造出了各种各样的复杂形式的测试函数，有连续函数也有离散函数，有凸函数也有凹函数，有低维函数也有高维函数，有确定函数也有随机函数，有单峰函数也有多峰函数等。人们用这些几何特性各异的函数来评价遗传算法的性能。对于一些非线性、多模型、多目标的函数优化问题，用其他优化方法较难求解，遗传算法却可以方便地得到较好的结果。

(2)随着问题规模的扩大，组合优化问题的搜索空间急剧扩大，在目前计算机上用枚举法有时很难、甚至不可能得到其精确最优解。对于这类复杂问题，人们已意识到应把精力放在寻求其满意解上，遗传算法则是寻求这种满意解的最佳工具之一。遗传算法已经在求解旅行商问题、背包问题、装箱问题、图形划分问题等方面得到成功的应用。

(3)生产调度问题在许多情况下所建立起来的数学模型难以精确求解，即使经过一些简化之后可以进行求解，也会因简化太多而使得求解结果与实际相差甚远。遗传算法成为解决复杂调度问题的有效工具，在单件生产车间调度、流水线生产车间调度、生产规划、任务分配等方面，遗传算法都得到了有效的应用。

(4)自动控制。在自动控制领域中许多与优化相关的问题需要求解，遗传算法的应用日益增加，并显示了良好的效果。用遗传算法进行航空控制系统的优化、基于遗传算法的模糊控制器优化设计、基于遗传算法的参数辨识、利用遗传算法进行人工神经网络的结构优化设计和权值学习，都显示出了遗传算法在这些领域中应用的可能性。

(5)机器人智能控制机器人是一类复杂的难以精确建模的人工系统，遗传算法的起源就来自对人工自适应系统的研究，所以机器人智能控制理所当然地成为遗传算法的一个重要应用领域。遗传算法已经在移动机器人路径规划、关节机器人运动轨迹规划、机器人逆运动学求解、细胞机器人的结构优化和行动协调等方面得到研究和应用。

(6)图像处理和模式识别是计算机视觉中的一个重要研究领域。在图像处理过程中，如扫描、特征提取、图像分割等不可避免地会产生一些误差，这些误差会影响到图像处理和识别的效果。如何使这些误差最小是使计算机视觉达到实用化的重要要求，遗传算法在图像处理中的优化计算方面是完全胜任的。

(7)人工生命是用计算机等人工媒体模拟或构造出具有自然生物系统特有行为的人造系统。自组织能力和自学习能力是人工生命的两大主要特征。人工生命与遗传算法有着密切的关系，基于遗传算法的进化模型是研究人工生命现象的重要理论基础。虽然人工生命的研究尚处于起步阶段，但遗传算法已在其进化模型、学习模型、行为模型等方面显示了初步的应用能力。遗传算法在人工生命及复杂自适应系统的模拟与设计、复杂系统突现性理论研究中，将得到更为深入的发展。

(8)Koza 发展了遗传程序设计的概念，他使用了以

LISP 语言所表示的编码方法，基于对一种树形结构所进行的遗传操作自动生成计算机程序。虽然遗传程序设计的理论尚未成熟，应用也有一些限制，但它已有一些成功的应用案例。

(9)机器学习能力是高级自适应系统应具备的能力之一。基于遗传算法的机器学习，特别是分类器系统，在许多领域得到了应用。遗传算法被用于模糊控制规则的学习，利用遗传算法学习隶属度函数，从而更好地改进了模糊系统的性能。基于遗传算法的机器学习可用于调整人工神经网络的连接权，也可用于神经网络结构的优化设计。分类器系统在多机器人路径规划系统中得到了成功的应用。

“袋鼠跳”问题可以看作旅行商问题或者图形划分问题的变形，属于组合优化典型应用问题。

“袋鼠跳”问题也可以模拟物竞天择的生物进化过程，通过维护一个潜在解的群体执行了多方向的搜索，并支持这些方向上的信息构成和交换。

有一些科学家为了模拟自然界生物进化过程，选择采用袋鼠进行试验。根据实验假设，科学家们将在海拔低的地方布放一种无色无味的毒气，海拔越高毒气浓度越稀薄，袋鼠越容易存活；海拔越低毒气浓度越高，袋鼠越难存活。科学家将一大群袋鼠零散地放置于喜马拉雅山脉，袋鼠散落位置有高有低，聚合在峰顶的袋鼠存活概率最高，散落在山脚下存活概率基本为零。对此，袋鼠们全然不觉，还是按照习性活蹦乱跳。随着袋鼠觅食、游玩等活动的增加，不断有袋鼠死于海拔较低的地方，而越是在海拔高的地方，袋鼠越是能活得更久，也越有机会繁衍后代。经过许多年模拟试验，袋鼠及后代们都不自觉地聚拢到了一个个山峰上。之后科学家们将聚拢到山峰上的袋鼠及后代们接离山峰，送至舒适环境中。实验模拟了袋鼠的进化过程。

遗传算法中每一条染色体，对应着遗传算法的一个解决方案，构成从一个基因组到其解的适应度形成一个映射。这样可以把遗传算法的过程看作是一个在多元函数里面求最优解的过程，在这个多维曲面里面也有数不清的"山峰"，而这些最优解所对应的就是局部最优解，其中可能会有一个"山峰"的海拔最高，那么这个就是全局最优解。遗传算法的任务就是尽量爬到最高峰，而不是陷落在一些小山峰。

事关袋鼠存亡的唯一特征是袋鼠的位置，实际进化过程中的食物、猎杀、生病、意外伤亡以及被其他动物捕杀等，都不列入关键特征中。事实上，即便基因编码设计中包含了袋鼠爱吃什么或者被猎杀等信息，这都不会影响到袋鼠的进化过程，因为那些攀到峰顶的袋鼠吃什么、是否被猎杀也完全是随机的，而它所在的位置却是非常确定的。

由此看来，袋鼠在哪里是唯一要明确的事情：通过查阅喜马拉雅山脉的地图得知袋鼠所在的海拔高度（通过自变量求函数值);知道“袋鼠跳”的新位置。

确定了袋鼠的位置作为个体特征,再建立表现型到基因型的映射关系,即建立编码关系。对于二进制编码方式来说,编码会比较复杂,而对于浮点数编码方式来说,则会比较简洁。一定长度的二进制编码序列,只能表示一定精度的浮点数。人类染色体的编码符号集,由四种碱基的两种配合组成,共有四种情况,相当于 2 bit 的信息量。

假设目前只有“0”“1”两种碱基,用一条链条把它们有序的串联在一起,因为每一个单位都能表现出 1 bit 的信息量,所以一条足够长的染色体就能勾勒出一个个体的所有特征。这就是二进制编码法,染色体大致如下:010101000011011110101110。为改善遗传算法的计算复杂性、提高运算效率,采用浮点数编码。染色体大致如下:1.2-3.8-2.0-5.2-2.7-4.1。“袋鼠跳”问题的解决方案也可以采用浮点数编码。

将袋鼠随机分布在山上,即可对应建立起初代种群;人类进化过程中,染色体通过交叉、变异等实现遗传,袋鼠的存活也通过此类操作实现。而适应度函数则是通过个体特征调整适应度,即通过袋鼠位置来判断袋鼠是否存活;根据子代位置信息,确定子代的最优解。

“袋鼠跳”问题的遗传算法求解过程如下:

(1)建立一种对问题潜在解编码方案,即建立“袋鼠跳”数学映射关系。

(2)初始化一个随机种群,即袋鼠们被随意地分散在山脉，种群的个体是这些数字编码。

(3)通过适当的解码过程，获得初步数学解，即袋鼠位置坐标。

(4)用适应性函数对个体做一次适应度评估，即判断袋鼠位置是否足够高。

(5)按照某种数学规则择优选择，去除不符合规则的解，即射杀一些所在海拔较低的袋鼠，以保证袋鼠总体数目持平。

(6)让个体基因发生变异，即让袋鼠们随机跳。

(7)产生新的子代，即希望存活下来的袋鼠生儿育女，实现种群繁育。

(8)让群体不断迭代，寻找局部或者全局最优解，即让袋鼠及其后代们不断进行位置评估及生儿育女，以实现种群的繁衍。

“袋鼠跳”部分程序见本章附录。

2.2　蚁群算法

1.蚁群算法概念

蚂蚁又称“玄驹”“蚍蜉”或“状元子”，是一种既渺小又平常的社会性昆虫。蚂蚁属于节肢动物门、昆虫纲、膜翅目、蚁科，它在昆虫界种类最多、生存量最大。蚂蚁的起源可追溯至一亿年前的恐龙时代，那时地球上就有蚂蚁的祖先繁衍。随着地球生态环境的变迁，身躯庞大的恐龙早已灭绝了，而身躯细小的蚂蚁却在弱肉强食、物竞天择的自然界依靠集体的力量和顽强的生命力一直生存繁衍到今天，而且形成了家庭兴旺的蚂蚁王国。全世界的蚂蚁约有260属，16 000多种，其中已命名的蚂蚁有9 000多种。地球上蚂蚁总量约占陆生动物总量的10%；蚂蚁能把比自己重1 400倍的食物拖回家去，能举起超过自身体重400倍的物体。

生物学家通过对蚂蚁的长期观察研究发现，每只蚂蚁的智能并不高，看起来没有集中的指挥，但它们却能协同工作，集中觅食，建起坚固漂亮的蚁穴并抚养后代，依靠群体能力发挥超出个体的智能的力量。尽管蚂蚁个体比较简单，但整个蚂蚁群体却表现为高度机构化的社会组织，在许多情况下能完成远远超过蚂蚁个体能力的复杂任务。这种能力来源于蚂蚁群体中的个体协作行为，其群体行为主要包括寻找食物、任务分配和构造墓地等三种。

意大利学者Dorigo M.等由蚂蚁群体的“寻找食物”行为得到启发而提出了蚁群优化模型。Dorigo M.等在1991年法国巴黎召开的第一届欧洲人工生命会议(European Conference on Artificial Life，ECAL)上最早提出了蚁群算法的基本模型；1992年Dorigo M.又在其博士学位论文中进一步阐述了蚁群算法的核心思想。1996年，Dorigo

M.等在“IEEE Transactions on Systems, Man, and Cybernetics Part B”上发表了《Ant system: optimization by a colony of cooperating agents》一文，在这篇文章中，Dorigo M.等不仅更加系统地阐述了蚁群算法的基本原理和数学模型，还将其与遗传算法、禁忌搜索算法、模拟退火算法、爬山法等进行了仿真实验比较，并把单纯地解决对称TSP拓展到解决非对称TSP、指派问题(Quadratic Assignment Problem,QAP)以及车间作业调度问题(Job-shop Scheduling Problem,JSP)，且对蚁群算法中初始化参数对其性能的影响做了初步探讨，这是蚁群算法发展史上的又一篇奠基性文章。Gutjahr将蚁群算法的行为简化为在一幅代表所求问题的有向图上的行走过程，进而从有向图论的角度对一种改进蚁群算法——图搜索蚂蚁系统(Graph-Based Ant System,GBAS)的收敛性进行了理论分析，证明了在一些合理的假设条件下，他所提出的GBAS能以一定的概率收敛到所求问题的最优解。

2.算法原理

根据仿生学家的长期研究发现：蚂蚁虽没有视觉，但运动时会通过在路径上释放一种特殊的分泌物，即信息素来寻找路径。当它们碰到一个没有走过的路口时，就随机地挑选一条路径前行，同时释放出与路径长度有关的信息素。蚂蚁走的路径越长，则释放的信息量越小。

当后来的蚂蚁再次碰到这个路口的时候，选择信息量较大路径的概率相对较大，这样便形成了一个正反馈机制。最优路径上的信息量越来越大，而其他路径上的信息量却会随着时间的流逝而逐渐消减，最终整个蚁群会找出最优路径。当蚁群的运动路径上突然出现障碍物时，蚂蚁也能很快地重新找到最优路径。在整个寻径过程中，虽然单只蚂蚁的选择能力有限，但是通过信息素的作用使整个蚁群行为具有非常高的自组织性，蚂蚁之间交换着路径信息，最终通过蚁群的集体自催化行为找出最优路径，如图 2-1 所示。

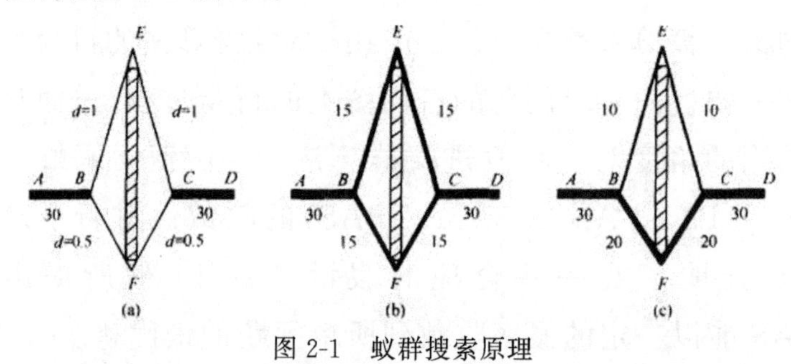

图 2-1 蚁群搜索原理

(a)蚁巢、食物源、障碍及路径 (b)蚂蚁按等概率寻找路径 (c)较短路径信息素增大

在图 2-1 中，设 A 点是蚁巢，D 点是食物源，EF 为障碍物。由于障碍物的存在，蚂蚁只能经由 A 经 E 或 F 到达 D，或由 D 到达 A，各点之间的距离如图 2-1(a)所示。假设每个时间单位有 30 只蚂蚁由 A 到达 D 点，有 30 只蚂蚁由 D 到达 A 点，蚂蚁过后留下的信息量为 1。为了方便起见，设该物质停留时间为 1。在初始时刻，由于路

径 BF、FC、BE、EC 上均无信息存在，位于 A 和 D 的蚂蚁可以随机选择路经，从统计学的角度可以认为蚂蚁以相同的概率选择 BF、FC、BE、EC，如图 2-1(b)所示。经过一个时间单位后，在路经 BFC 上的信息量是路径 BEC 上信息量的 2 倍。又经过一段时间，将有 20 只蚂蚁由 B、F 和 C 点到达 D[见图 2-1(c)]。随着时间的推移，蚂蚁将会以越来越大的概率选择最优路径，最终将会完全选择路径 BFC，从而找到由蚁巢到食物源的最短路径。

模拟蚂蚁群体觅食行为的蚁群算法是作为一种新的计算智能模式引入的，该算法基于如下基本假设：

(1)蚂蚁之间通过信息素和环境进行通信。每只蚂蚁仅根据其周围的局部环境做出反应，也只对其周围的局部环境产生影响。

(2)蚂蚁对环境的反应由其内部模式决定。因为蚂蚁是基因生物，蚂蚁的行为实际上是其基因的适应性表现，即蚂蚁是反应型适应性主体。

(3)在个体水平上，每只蚂蚁仅根据环境做出独立选择；在群体水平上，单只蚂蚁的行为是随机的，但蚁群可通过自组织过程形成高度有序的群体行为。

基本蚁群算法的寻优机制包含两个基本阶段：适应阶段和协作阶段。在适应阶段，各候选解根据积累的信息不断调整自身结构，路径上经过的蚂蚁越多，信息量越大，则该路径越容易被选择；时间越长，信息量会越小，在协作阶段，候选解之间通过信息交流，以期望产生性能更好的解，类似于学习自动机的学习机制。

蚁群算法实际上是一类智能多主体系统，其自组织机制使得蚁群算法不需要对所求问题的每一方面都有详尽的认识。自组织本质上是蚁群算法机制在没有外界作用下使系统熵增加的动态过程，体现了从无序到有序的动态演化，如图 2-2 所示。

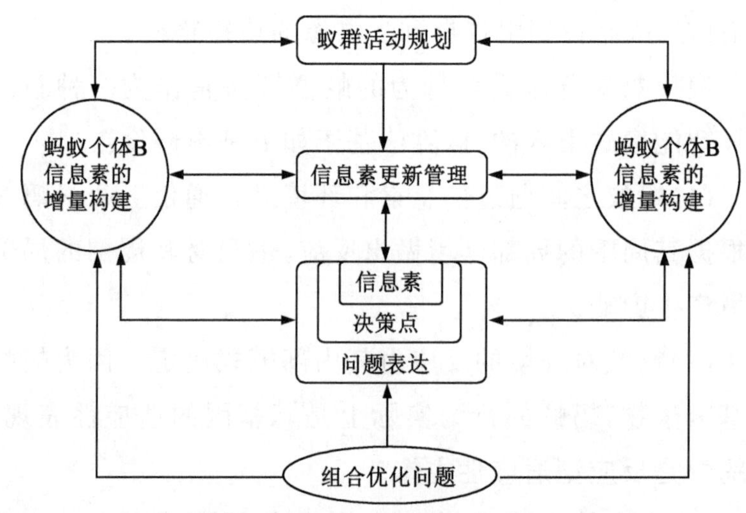

图 2-2　无序到有序的动态演化过程

先将具体的组合优化问题表述成规范的格式，然后利用蚁群算法在“探索”和“利用”之间根据信息素这一反馈载体确定决策点，同时按照相应的信息素更新规则对每只蚂蚁个体的信息素进行增量构建，随后从整体角度规划出蚁群活动的行为方向，周而复始，即可求出组合优化问题的最优解。

蚂蚁在觅食过程中，总是要找到蚁巢与食物源之间的最优路径，Dorigo M 等人提出了一系列相关概念，分别表达了蚁群在活动过程的影响参量，包括转移概率，信息素的量等。

以 TSP 模型为例，介绍蚁群算法的基本原理。

设 $b_i(t)$ 表示 t 时刻位于元素 i 的蚂蚁数目，$\tau_{ij}(t)$ 为 t 时刻路径 (i,j) 上的信息量，n 表示 TSP 规模，m 为蚁群中蚂蚁的总数目，则 $m=\sum_{i=1}^{n}b_i(t)$；l_{ij} 是集合 C 中的元素（城市）两两连接，Γ 是 t 时刻 l_{ij} 上残留信息量的集合，$\Gamma=\{\tau_{ij}(t)\mid c_i,c_j\subset C\}$。在初始时刻各条路径上信息量相等，并设 $\tau_{ij}(0)=\text{const}$，基本蚁群算法的寻优是通过有向图 $g=(c,L,r)$ 实现的。蚂蚁 $k(k=1,2,\cdots,m)$ 在运动过程中，根据各条路径上的信息量决定其转移方向。这里用禁忌表 tabu_k $(k=1,2,\cdots,m)$ 来记录蚂蚁 k 当前所走过的城市，集合随着 tabu_k 进化过程做动态调整。在搜索过程中，蚂蚁根据各条路径上的信息量及路径的启发信息来计算状态转移概率。$p_{ij}^k(t)$ 表示在 t 时刻蚂蚁 k 由元素（城市）i 转移到元素（城市）j 的状态转移概率。

$$p_{ij}^k(t)=\begin{cases}\dfrac{[\tau_{ij}(t)]^{\alpha}\cdot[\eta_{ik}(t)]^{\beta}}{\sum\limits_{N\subset \text{allowed}_k}[\tau_{is}(t)]^{\alpha}\cdot[\eta_{is}(t)]^{\beta}}, & jf\ j\in \text{allowed}_k\\ 0, & \text{其他}\end{cases}\tag{2-1}$$

式中，$\text{allowed}_k=\{C-\text{tabu}_k\}$ 表示蚂蚁下一步允许选择的城市；α 为信息启发式因子，表示轨迹的相对重要性，反映了蚂蚁在运动过程中所积累的信息在蚂蚁运动时所起的作用，其值越大，则该蚂蚁越倾向于选择其他蚂蚁经过的路径，蚂蚁之间协作性越强；β 为期望启发式因子，表示能见度的相对重要性，反映了蚂蚁在运动过程中启发信息在蚂蚁选择路径中的受重视程度，其值越大，则该状态转移概率越接近于贪心规则；$\eta_{ij}(t)$ 为启发函数，其表达式如下：

$$\eta_{ij}(t)=\frac{1}{d_{ij}} \tag{2-2}$$

式(2-2)中，d_{ij} 表示相邻两个城市之间的距离。对蚂蚁 k 而言，d_{ij} 越小，则 $\eta_{ij}(t)$ 越大，$p_{ij}^{k}(t)$ 也就越大。显然，该启发函数表示蚂蚁从元素(城市)i 转移到元素（城市)j 的期望程度。

为了避免残留信息素过多引起残留信息淹没启发信息，在每只蚂蚁走完一步或者完成对所有 n 个城市的遍历(即一个循环结束)后，要对残留信息进行更新处理。这种更新策略模仿了人类大脑记忆的特点，在新信息不断存入大脑的同时，原先存储在大脑中的旧信息随着时间的推移逐渐淡化，甚至忘记。由此，$t+n$ 时刻在路径 (i,j) 上的信息量可按如下规则进行调整：

$$\tau_{ij}(t+n)=(1-\rho)\cdot\tau_{ij}(t)+\Delta\tau_{ij}(t) \tag{2-3}$$

$$\Delta\tau_{ij}(t)=\sum_{k=1}^{m}\Delta\tau_{ij}{}^{k}(t) \tag{2-4}$$

式中，ρ 表示信息素挥发系数，则$(1-\rho)$表示信息素残留因子，为了防止信息的无限积累，ρ 的取值范围为 $\rho\subset(0,1)$；$\tau_{ij}(t)$表示本次循环中路径(i,j)上的信息素增量，初始时刻 $\Delta\tau_{ij}(0)=0$，$\Delta\tau^{k}{}_{ij}(t)$表示第 k 只蚂蚁在本次循环中留在路径(i,j)上的信息量。

根据信息素更新策略的不同，Dorigo M.提出了三种不同的基本蚁群算法模型，分别称之为 Ant-Cycle 模型、Ant-Quantity 模型及 Ant-Density 模型，其差别在于 $\Delta\tau_{ij}^{k}(t)$求法的不同。

在 Ant-Cycle 模型中，

$$\Delta\tau_{ij}^{k}(t)=\begin{cases}\dfrac{Q}{L_k}, & \text{如果第 } k \text{ 只蚂蚁在本次循环中经过}(i,j)\\ 0, & \text{其他}\end{cases} \tag{2-5}$$

式中，Q 表示信息素强度，它在一定程度上影响算法的收敛速度；L_k 表示第 k 只蚂蚁在本次循环中所走路径的总长度。

在 Ant-Quantity 模型中，

$$\Delta\tau_{ij}^{k}(t)=\begin{cases}\dfrac{Q}{d_{ij}}, & \text{如果第 } k \text{ 只蚂蚁在 } t \text{ 和 } t+1 \text{ 之间经过路径}(i,j)\\ 0, & \text{其他}\end{cases} \tag{2-6}$$

在 Ant-Density 模型中，

$$\Delta\tau_{ij}^{k}(t)=\begin{cases}Q, & \text{如果第 }k\text{ 只蚂蚁在 }t\text{ 和 }t+1\text{ 之间经过}(i,j)\\ 0, & \text{其他}\end{cases} \tag{2-7}$$

以上几个模型的区别：式(2-7)和式(2-6)中利用的是局部信息，即蚂蚁完成一步后更新路径上的信息素；而式(2-5)中利用的是整体信息，即蚂蚁完成一个循环后更新所有路径上的信息素，在求解 TSP 时性能较好，因此通常采用式(2-5)作为蚁群算法的基本模型。

基本蚁群算法的具体实现步骤如下(见图 2-3)：

(1)参数初始化。令时间 $t=0$ 和循环次数 $N_{\mathrm{c}}=0$，设置最大循环次数 N_{cmax}，将 m 蚂蚁置于 n 个元素(城市)上，令有向图上每条边(i,j)的初始化信息量 $\tau_{ij}(t)=\mathrm{const}$，其中 const 表示常数，且初始时刻 $\Delta\tau_{ij}(0)=0$。

(2)循环次数：$N_{\mathrm{c}}\leftarrow N_{\mathrm{c}}+1$。

(3)蚂蚁的禁忌表索引号：$k=1$。

(4)蚂蚁数目：$k\leftarrow k+1$。

(5)蚂蚁个体根据状态转移概率公式计算的概率选择元素(城市) j 并前进。

(6)修改禁忌表指针，即选择好之后将蚂蚁移动到新的元素(城市)，并把该元素(城市)移动到该蚂蚁个体的禁忌表中。

(7)若集合 C 中元素(城市)未遍历完，即 $k<m$，则跳转到第(4)步，否则执行第(8)步。

(8)根据信息量公式更新每条路径上的信息量。

(9)若满足结束条件,即如果循环次数 $N_c > N_{cmax}$,则循环结束并输出程序计算结果,否则清空禁忌表并跳转到第(2)步。

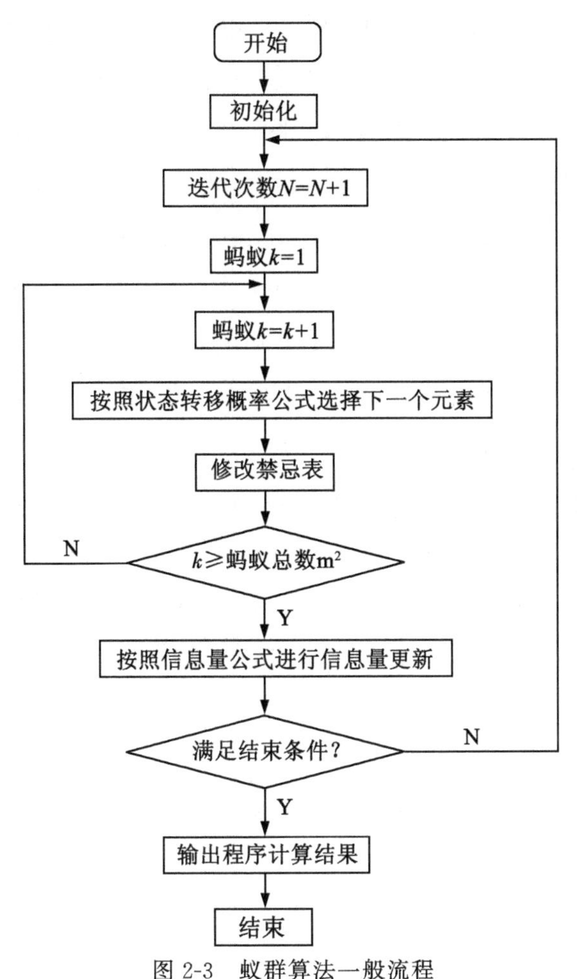

图 2-3　蚁群算法一般流程

3.蚁群算法应用

经过多年发展，学者们已经采用蚁群算法解决了多方面的难题，包括旅行商问题（Traveling Salesman Problem，TSP），指派问题（Quadratic Assignment Problem，QAP），调度问题（Scheduling Problem，SP），车辆路径问题（Vehicle Routing Rroblem，VRP），有向连接网络路由（connection-oriented network routing），无连接网络路由（connectionless network routing），序列排序问题（Sequential Ordering Problem，SOP），图形着色问题（Graph Coloring Problem，GCP），最短公共超串问题（shortest common supersequence），频率分配问题（Frequency Assignment Problem，FAP），广义指派问题（Generalized Assignment Problem，GAP），多背包问题（Multiple Knapsack Problem，MKP），光纤网络路由（optical net works routing），冗余分配问题（Redundancy Allocation Problem，RAP），单机排序（machine scheduling），故障识别（fault identification），约束满足问题（Constraint Satisfaction Problem，CSP），连续函数优化（continuous function optimization），全球定位系统（Global Positioning System，GPS），集合覆盖问题（Set Covering Problem，SCP），系统辨识（system identification），机器人路径规划（robot path planning），数据挖掘（data mining），图像

处理(imagine processing)，武器目标分配问题(Weapon-target Assignment Problem，WTAP)，二维格点模型蛋白质折叠问题 (2DHP protein folding problem)，地雷探测问题(Mine Detection Problem，MDP)，岩土工程(geotechnical engineeting)，光谱解析(Spectra Analyzing Problem，SAP)，加权最小碰集问题(Weighted Minimum Hitting Set Problem，WMHSP)，最大独立集问题(Maximum Independent Set Problem，MISP)，网格分割问题(Mesh Partitioning Problem，MPP)，转台控制(turntable control)，几何约束(Geometric Constraint Problem，GCP)，圆排列问题(Circle Permutation Problem，CPP)，点覆盖问题(Point Covering Problem，PCP)，粗糙数据约简(Rough Data Reduction，RDR)等。

具体来说，蚁群算法在车间作业调度问题、网络路由问题、车辆路径问题、机器人领域、电力系统、故障诊断、控制参数优化、参数辨识、聚类分析、数据挖掘、图像处理、航迹规划、空战决策、岩土工程、化学工业、生命科学、布局优化等若干领域中都已经有了典型应用。以车间作业调度问题为例，进行简要说明。

车间作业调度问题既是满足实际生产中的一个重要问题，也是一个典型的 NP-hard 问题。一般意义的 JSP 特征模型可描述如下：

(1)存在 j 个工作(job)和 m 个机器(machine)。

(2)每个工作由一系列操作(或任务/task/operation)组成。

(3)操作的执行次序遵循严格的串行顺序。

(4)在特定时间,每个操作需要一个特定机器完成。

(5)每台机器在同一时刻不能同时完成不同的工作。

(6)在同一时刻,同一工作的各个操作不能并发执行。

(7)如何求得从第一个操作开始到最后一个操作结束之间的最小时间间隔(makespan)。

以 Toyota 公司提出汽车组装为例,在组装所有车辆的过程中,所确定的组装顺序应使各零部件的使用速率均匀化。这里假设有 3 种车型 A、B、C 排序,每个生产循环需 A 型车 3 辆、B 型车 2 辆、C 型车 1 辆,则每个循环共需生产 6 辆车($D=6$)。列表示 6 个排序阶段,行表示有 3 种车型可以选择。经过若干次迭代之后,搜索空间变化,此时最可能的可行解是 $B-A-C-A-B$(见图 2-4),程序见本章附录。

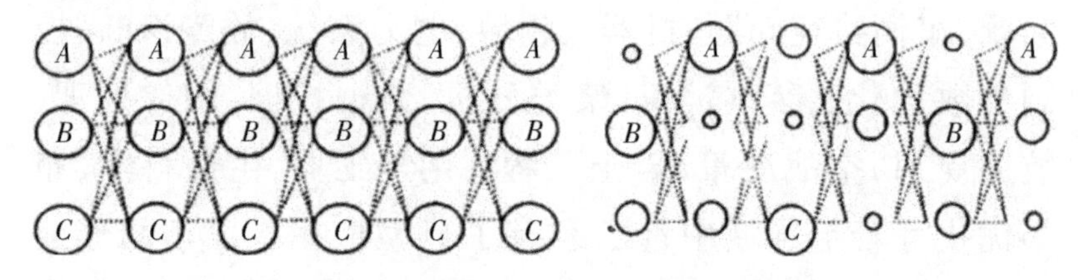

图 2-4 简单 JOB 排序的搜索空间

参考文献

[1]孙利民,李建中,陈渝. 无线传感器网络[M].北京:清华大学出版社,2005.

[2]林金朝,陈晓冰,刘海波.基于平均跳距修正的无线

传感器网络节点迭代定位算法[J].通信学报,2009(30).

[3]周明,孙树栋.遗传算法原理及应用[M].北京:国防工业出版社,2006.

[4]张文修,梁怡.遗传算法的数学基础[M].西安:西安交通大学出版社,2007.

[5]van dererff Terry J.10 Emerging Technologies that Will Change the World[J]. MIT Enterprize Technology Review,2003(106).

[6]Sun G,Chen J,Guo W,et al.Signal processing techniques in network-aided positioning:a survey of state-of-the-art positioning designs[J].IEEE Signal Processing Magazine, 2005(22).

[7]Teixeira T,Dublon G,Savvides A.A Survey of Human-Sensing:Methods for Detecting Presence,Count, Location, Track, and Identity [J]. ACM Computing Surveys,2010(5).

[8] Blumrosen G,Hod B,Anker T,et al.Enhancing RSSI-based tracking accuracy in wireless sensor networks [J].ACM Transactions on Sensor Networks,2013(9).

[9]段海滨,王道波,朱家强,等.蚁群算法理论及应用研究的进展[J].控制与决策,2004(19).

[10]孙京诰,李秋艳,杨欣斌,等.基于蚁群算法的故障识别[J].华东理工大学学报,2004(2).

[11]张华.基于遗传算法的无线传感器网络节点的自

定位技术研究[D].杭州:浙江工业大学,2009.

本章附录

袋鼠跳部分程序

```
# ifndef __BASIC_DEFS_H__
# define __BASIC_DEFS_H__

# include "head.h"

t ypedef unsigned long long        UINT64_T;
 typedef long long                  INT64_T;
 typedef unsigned int              UINT32_T;
 typedef int                        INT32_T;
 typedef unsigned short            UINT16_T;
 typedef short                      INT16_T;
 typedef unsigned char             UINT8_T;
 typedef unsigned char             UCHAR_T;
 typedef char                       INT8_T;
 typedef char                       CHAR_T;
 typedef unsigned char             BOOLEAN_T;
 typedef float                     FLOAT_T;
 typedef double                     DOUBLE_T;
 typedef void                       VOID;

# include "error_defs.h"
```

```
# ifndef TRUE
# define TRUE                1
# endif

# ifndef FALSE
# define FALSE              0
# endif

# ifndef NULL
# define NULL               0
# endif

# define ARRAY_SIZE(x) (sizeof(x)/sizeof(x[0]))

t ypedef INT32_T SYS_RET_T;

# endif



# include "hereditary.h"
# include < math.h>

# define ROULETTE_WHEEL_SELECTION              0
# define STOCHASITIC_TOURNEMNT_SELECTION       1
# define EXPECTED_VALUE_SELECTION              0
```

```
P OPULATION_T g_population;

# if EXPECTED_VALUE_SELECTION
FLOAT_T g_expectedValue[MAX_INDIVIDUAL_NUM] =  {0.0};
# endif

V OID printPopulationGene(CHAR_T *  prompt)
{
      UINT32_T size =   g_population.populationSize;
      UINT32_T num =   g_population.individualGeneNum;
      UINT32_T i =   0, j =   0;

p rintf("- - - - - - - - % s- - - - - - - \n", prompt);
for(i =   0; i <   size; i+ + )
      {
printf("% 20u", i);
      }
printf("\ n");

f or (i =   0; i <   num; i+ + )
      {
for(j =   0; j <   size; j+ + )
            {
printf("% 10.6f/% -  10.6f", g_population.individual[j].chromosome.
gene[i],
                  g_population.individual[j].fitness);
```

```
            }

    p rintf("\n");
        }
    }


    V OID printPopulationInfo(void)
    {
        UINT32_T i =  0, j =  0;
        UINT32_T size =  g_population.populationSize;
        UINT32_T num =  g_population.individualGeneNum;

    p rintf("- - - - - - - - - - - - - - - - - - - - - - - \n");
     printf("generation: % u\n", g_population.generation);
     printf("individualGeneNum: % u\n", g_population.individualGene-
Num);
     printf("totalFitness: % f\n", g_population.totalFitness);
     printf("worstFitness: % f\n", g_population.worstFitness);
     printf("bestFitness: % f\n", g_population.bestFitness);
     printf("averageFitness: % f\n", g_population.averageFitness);
     printf("mutationRate: % f\n", g_population.mutationRate);
     printf("crossoverRate: % f\n", g_population.crossoverRate);
     printf("maxPerturbation: % f\n", g_population.maxPerturbation);
     printf("populationSize: % u\n", g_population.populationSize);
     printf("leftPoint: % f\n", g_population.leftPoint);
```

```
printf("rightPoint: % f\n", g_population.rightPoint);

for (i = 0; i < size; i++)
    {
printf("individual % u, fitness: % f\ngene:", i, g_population.individual[i].fitness);
for(j = 0; j < num; j++)
        {
printf("% f\t", g_population.individual[i].chromosome.gene[j]);
        }
printf("\n");
    }
}

VOID printPopulationFitness(CHAR_T * prompt)
{
    UINT32_T i = 0;
    UINT32_T size = g_population.populationSize;

printf("--------% s--------\n", prompt);
for (i = 0; i < size; i++)
    {
if (i % 5 == 0)
printf("\n");
printf("% 10.6f", g_population.individual[i].fitness);
    }
```

```
printf("\n");
}

/* 计算 f(x) = xsin(10* pi* x)+ 2.0 * /

FLOAT_T calcFuncVal(FLOAT_T x)
{
    FLOAT_T y = 0.0;

    y = x * sin((10 * PI * x)) + 2.0;

return y;
}

FLOAT_T randomWithFloatRange(FLOAT_T a, FLOAT_T b)
{
struct timeval tv;
    UINT32_T seed = 0, i = 0;

//for (i = 0; i < 1000000; i++ );
    gettimeofday(&tv, NULL);
    seed = tv.tv_sec / 1000 + tv.tv_usec * 1000;
srand(seed);

return (a+ (b- a) * rand() / (RAND_MAX));
}
```

```
U INT32_T randomWithUIntRange(UINT32_T a, UINT32_T b)
{
struct timeval tv;
      UINT32_T seed =  0;
      UINT32_T tmp =  0;

i f (a >  RAND_MAX)
         a =  RAND_MAX;
 if (b >  RAND_MAX)
         b =  RAND_MAX;

      tmp = abs(a -  b);

      gettimeofday(&tv, NULL);
      seed =  tv.tv_sec / 1000 +  tv.tv_usec *  1000;
srand(seed);
if (a < =  b)
return (a +  (rand() %  (tmp +  1)));
else
return (b +  (rand() %  (tmp +  1)));
}


V OID calculateTotalFitness(VOID)
{
      UINT32_T i =  0;
```

```
        UINT32_T size =   g_population.populationSize;
        FLOAT_T sum =   0.0;

    f or (i =   0; i <   size; i+ + )
        {
            sum + =   g_population.individual[i].fitness;
        }

        g_population.totalFitness =   sum;
    }

    I NDIVIDUAL_T getIndividualWithBestFitness(VOID)
    {
        UINT32_T i =   0, indexOfBest =   0;
        UINT32_T size =   g_population.populationSize;

    f or (i =   1; i <   size; i+ + )
        {
     if (g_population.individual[i].fitness >   g_population.individual[in-
dexOfBest].fitness)
                indexOfBest =   i;
        }

    r eturn g_population.individual[indexOfBest];
    }
```

```
I NDIVIDUAL_T getIndividualWithWorstFitness(VOID)
{
    UINT32_T i =  0, indexOfWorst =  0;
    UINT32_T size =  g_population.populationSize;

f or (i =  1; i <  size; i+ + )
    {
 if (g_population.individual[i].fitness <  g_population.individual[in-
dexOfWorst].fitness)
            indexOfWorst =  i;
    }

r eturn g_population.individual[indexOfWorst];
}

F LOAT_T calculateAverageFitness(VOID)
{
 return g_population.totalFitness / g_population.populationSize;
}

V OID calculateTAWBFitness(VOID)
{
    INDIVIDUAL_T individual;

    calculateTotalFitness();
    individual =  getIndividualWithWorstFitness();
```

```
        g_population.worstFitness =  individual.fitness;
        g_population.averageFitness =  calculateAverageFitness();
        individual =  getIndividualWithBestFitness();
        g_population.bestFitness =  individual.fitness;
}

VOID calculatePopulationFitness(VOID)
{
        UINT32_T i =  0, j =  0;
        UINT32_T size =  g_population.populationSize;
        FLOAT_T gene;

for (i =  0; i <  size; i++ )
        {
                gene =  g_population.individual[i].chromosome.gene[0];
                g_population.individual[i].fitness =  calcFuncVal(gene);
        }

        calculateTAWBFitness();

 //printPopulationInfo();
        # if 0
        printPopulationFitness("S");
 printf("worstFitness:% f,averageFitness:% f,bestFitness:% f\n",
                g_population.worstFitness,
                g_population.averageFitness,
```

```
            g_population.bestFitness);
        # endif
    }

    V OID initPopulation(UINT32_T populationSize,
                         UINT32_T individualGeneNum,
                         FLOAT_T mutationRate,
                         FLOAT_T crossoverRate,
                         FLOAT_T leftPoint,
                         FLOAT_T rightPoint)
    {
        g_population.populationSize =  populationSize;
        g_population.individualGeneNum =  individualGeneNum;
        g_population.mutationRate =  mutationRate;
        g_population.crossoverRate =  crossoverRate;
        g_population.leftPoint =  leftPoint;
        g_population.rightPoint =  rightPoint;

        g_population.totalFitness =  0.0;
        g_population.bestFitness =  0.0;
        g_population.averageFitness =  0.0;
        g_population.worstFitness =  99999999;

        g_population.generation =  0;

        g_population.maxPerturbation =  0.1;
```

```
}

V OID initPopulationGene(VOID)
{
    UINT32_T i =  0, j =  0;
    UINT32_T size =  g_population.populationSize;
    UINT32_T num =  g_population.individualGeneNum;
    FLOAT_T leftPoint =    g_population.leftPoint;
    FLOAT_T rightPoint =  g_population.rightPoint;

f or (i =  0; i <  size; i+ + )
    {
 for(j =  0; j <  num; j+ + )
        {
            g_population.individual[i].chromosome.gene[j] =
randomWithFloatRange(leftPoint, rightPoint);
        }
    }

    calculatePopulationFitness();
    printPopulationGene("inital");
}

# if ROULETTE_WHEEL_SELECTION
INDIVIDUAL_T individualSelect(VOID)
{
```

```
        FLOAT_T slice =  0.0, size =  g_population.populationSize;
        FLOAT_T totalFitness =  g_population.totalFitness;
        INDIVIDUAL_T theChosenOne;
        FLOAT_T fitnessSoFar =  0.0;
        UINT32_T i =  0, k =  0;

        slice =  randomWithFloatRange(- 1, 1) *  totalFitness;

f or (i =  0; i <  size; i+ + )
        {
            fitnessSoFar + =  g_population.individual[i].fitness;
 if (fitnessSoFar > =  slice)
            {
                theChosenOne =  g_population.individual[i];
 break;
            }
        }

r eturn theChosenOne;
 }
 # elif STOCHASITIC_TOURNEMNT_SELECTION
 # define N                    2
 INDIVIDUAL_T individualSelect(VOID)
 {
        FLOAT_T gene =  0.0, size =  g_population.populationSize;
        INDIVIDUAL_T individual[2], theChosenOne;
```

```
    FLOAT_T fitness = 0.0;
    UINT32_T si = 0;
    UINT32_T i = 0, indexOfBest = 0;

f or (i = 0; i < N; i+ + )
    {
        si = randomWithUIntRange(0, size - 1);
        individual[i] = g_population.individual[si];
    }

f or (i = 1; i < N; i+ + )
    {
 if (individual[i].fitness > individual[indexOfBest].fitness)
            indexOfBest = i;
    }
    theChosenOne = individual[indexOfBest];

r eturn theChosenOne;
 }
 # elif EXPECTED_VALUE_SELECTION /* 不理想 * /
 INDIVIDUAL_T individualSelect(VOID)
 {
    UINT32_T size = g_population.populationSize;
    INDIVIDUAL_T individual[MAX_INDIVIDUAL_NUM] = {0.0};
    UINT32_T index[MAX_INDIVIDUAL_NUM] = {0};
    UINT32_T i = 0, k = 0, si = 0;
```

```
        UINT32_T t =  0xFFFFFFFF;
    /*
    *  找出期望值小于 0 的个体
    * /
    for (i =  0; i <  size; i+ + )
        {
    if (g_expectedValue[i] > =  0)
            {
                t =  k+ + ;
                individual[t] =  g_population.individual[i];
                index[t] =  i;
            }
        }

   i f (t = =  0xFFFFFFFF)
        {
    return g_population.individual[0];
        }
    /*  对期望大于 0 的个体，随机选择出选择一个 * /
        si =  randomWithUIntRange(0, k -  1);

    /*  对于选中的个体的期望值减 0.01 * /
    //g_expectedValue[index[si]] -  =  0.05;

    /*  对于未选中的个体的期望值减 1 * /
    for (i =  0; i <  k; i+ + )
```

```
        {
    if (i = =  si)
    continue;

            g_expectedValue[index[i]] - =  0.05;
        }

    /*  返回被抽中的个体 * /
    return individual[index[si]];
    }
    # endif

    V OID populationSelect(VOID)
    {
        UINT32_T i =  0;
        UINT32_T size =  g_population.populationSize;
        INDIVIDUAL_T individual[MAX_INDIVIDUAL_NUM];

    # if EXPECTED_VALUE_SELECTION
    /*  计算每个个体的期望值 * /
    for (i =  0; i <  size; i+ + )
        {
            g_expectedValue[i] =
                size *  (g_population.individual[i].fitness / g_popu-
lation.totalFitness);
        }
```

```
    # endif

    memset(individual, 0, sizeof(INDIVIDUAL_T) * MAX_INDIVIDUAL_
NUM);

    for (i = 0; i < size; i++)
        {
            individual[i] = individualSelect();
        }

    for (i = 0; i < size; i++)
        {
            g_population.individual[i] = individual[i];
        }

        printPopulationGene("select");
    }

    VOID populationCrossover(void)
    {
    return ;
    }

    VOID populationMutate(void)
    {
        UINT32_T i = 0, j = 0;
```

```
        UINT32_T size =  g_population.populationSize;
        UINT32_T num =  g_population.individualGeneNum;
        FLOAT_T maxPerturbation =  g_population.maxPerturbation;
        FLOAT_T mutationRate =  g_population.mutationRate;
        FLOAT_T leftPoint =  g_population.leftPoint;
        FLOAT_T rightPoint =  g_population.rightPoint;
        FLOAT_T * pGene =  NULL, f =  0.0;


    f or (i =  0; i <  size; i+ + )
        {
     for(j =  0; j <  num; j+ + )
            {
                pGene =  &(g_population.individual[i].chromosome.
gene[j]);

    i f (randomWithFloatRange(0.05, 0.3) < =  mutationRate)
                {
                    f =  randomWithFloatRange(0.0, 0.1);
                    * pGene + =  ((f -  0.05) *  maxPerturbation);

    i f (* pGene <  leftPoint)
                        * pGene =  rightPoint;
     else if(* pGene >  rightPoint)
                        * pGene =  leftPoint;
                }
```

```
            }
        }

        calculatePopulationFitness();
        printPopulationGene("mutate");

    }

    V OID populationEpoch(VOID)
    {
        UINT32_T generation =   g_population.generation;
        UINT32_T size =   g_population.populationSize;
        FLOAT_T worstFitness =   0.0, averageFitness =   0.0, bestFitness
=   0.0;
        INDIVIDUAL_T individual;
        UINT32_T i =   0;

    f or (i =   0; i <   generation; i+ + )
        {
            populationSelect();
            populationCrossover();
            populationMutate();

    p rintf("worstFitness:% f,averageFitness:% f,bestFitness:% f\ n",
                g_population.worstFitness,
                g_population.averageFitness,
```

```
                g_population.bestFitness);
        }

}

V OID setGeneration(UINT32_T generation)
{
        g_population.generation =   generation;
}

I NT32_T main(VOID)
{
        UINT32_T generation =   g_population.generation;
        UINT32_T size =   g_population.populationSize;
        INDIVIDUAL_T individual;
        UINT32_T i =   0, j =   0;

        initPopulation(100, 1, 0.3, 0.7, -   1, 2);
        initPopulationGene();

        setGeneration(10);
        populationEpoch();
}


 # ifndef __HEREDITARY_H__
```

```
# define __HEREDITARY_H__

# include "basic_defs.h"

# define PI                              3.1415926

# define LIFT_X_VAL                          - 1
# define RIGHT_X_VAL                        2

# define MAX_CHROMOSOME_NUM              32
# define MAX_INDIVIDUAL_NUM              256

t ypedef struct
{
    FLOAT_T     gene[MAX_CHROMOSOME_NUM];
}CHROMOSOME_T;

t ypedef struct
{
    CHROMOSOME_T     chromosome;
    FLOAT_T          fitness;
}INDIVIDUAL_T;

t ypedef struct
{
    UINT32_T         generation;
```

```
    UINT32_T          individualGeneNum;

    FLOAT_T           totalFitness;
    FLOAT_T           worstFitness;
    FLOAT_T           bestFitness;
    FLOAT_T           averageFitness;

    FLOAT_T           mutationRate;
    FLOAT_T           crossoverRate;
    FLOAT_T           maxPerturbation;

    UINT32_T          populationSize;
    INDIVIDUAL_T      individual[MAX_INDIVIDUAL_NUM];

    FLOAT_T           leftPoint;
    FLOAT_T           rightPoint;
}POPULATION_T;

extern POPULATION_T g_population;

VOID initPopulation(UINT32_T populationSize,
                    UINT32_T geneNum,
                    FLOAT_T mutationRate,
                    FLOAT_T crossoverRate,
                    FLOAT_T leftPoint,
                    FLOAT_T rightPoint);
```

```
# endif

% JOB 问题蚁蚁群算法

f unction AS()
 % clc
 % 初始化
 formatshort;
 n= 6;%n 排序数目
 m= 30;%m 蚂蚁数量
 Nmax= 100;% 最大循环次数
 % d(i,j) i,j 之间的距离,d is a n* n matrix
 d= [inf,1,inf,inf,8,inf;1,inf,8,inf,4,5;inf,8,inf,3,6,7;inf,inf,3,inf,inf,10;8,4,6,
inf,inf,9;inf,5,7,10,9,inf];
 y= zeros(n,n);% y(i,j)= 1/d(i,j) 启发信息
 for i= 1:n
 for j= 1:n
        y(i,j)= 1/d(i,j);
 end
 end
 e= 1;% 信息启发因子
 f= 1;% 期望启发因子
```

```
Q= 20;%
S= ones(n,n);% (i,j)路段初始化起始信息素
for i= 1:n
for j= 1:n
if d(i,j)= = inf
                S(i,i)= 0;
end
end
end

S 1= zeros(n,n);% (i,j)路段信息素增量
s= zeros(n,n,m);% s(i,j,k) 蚂蚁 k 在路径 i,j 上残留的信息素
notallowed= ones(m,n);% 禁忌表,0 表示已经访问过
a= zeros(m,n);% 蚂蚁循环一次的路径
for k= 1:m
      a(k,1)= 1+ round(rand* (n- 1));% 将蚂蚁随机放到n个数
目上
end
for k= 1:m % 将初始数放入禁忌表中
      notallowed(k,a(k,1))= 0;
end

f or N= 1:Nmax  % N 循环次数
      t= 2;
      L= zeros(1,m);
while t< = n % 重复直至禁忌表满为止
```

```
for k= 1:m
% 计算蚂蚁k转移的概率
                    i=a(k,t-1);
                    p=zeros(1,n);%p(j)蚂蚁k选择路径i,j的概率
for j=1:n
if notallowed(k,j)~=0
                              u=(S(i,j)^e)*(y(i,j)^f);
                              v=0;
for w=1:n
                                 v=v+(S(i,w)^e)*(y(i,w)^f)*notallowed(k,w);
end
if v~=0
                                   p(j)=u/v;
end
end
end
                   [pk,j]=max(p);
                   notallowed(k,j)=0;
                   L(k)=L(k)+d(i,j);
                   a(k,t)=j;
end
               t=t+1;
end
for k=1:m
```

```
    L(k)=L(k)+d(a(k,n),a(k,1));
end
%一次循环结束,回到起始位置

%更新
for k=1:m
for i=1:n-1
            s(a(k,i),a(k,i+1),k)=Q/L(k);
end
        s(a(k,n),a(k,1),k)=Q/L(k);
end
for i=1:n
for j=1:n
if d(i,j)~=inf
for k=1:m
                S1(i,j)=S1(i,j)+s(i,j,k);
end
end
end
end
for i=1:n
for j=1:n
if d(i,j)~=inf
            S(i,j)=(1-rand)*S(i,j)+S1(i,j);
end
end
```

```
end
for k=1:m %将禁忌表中除起始工作,全都置为未访问
for t=1:n
if t~=a(k,1)
            notallowed(k,t)=1;
end
end
end
    S1=zeros(n,n);%(i,j)路段信息素增量清零
    s=zeros(n,n,m);%s(i,j,k) 蚂蚁k 在路径i,j 上残留的信
息素清零

end %循环最大次数结束
[result,k]=min(L)
a(k,:)
```

第3章　仿生算法在网络定位中的应用

3.1　传感器网络定位问题描述

无线传感器网络是由大量传感器节点以某种方式组成的网络。无线传感器网络所部署的大量节点通过相互协作、感知、采集监测范围内的各种对象信息，通过无线方式将数据送到处理中心。而微电机系统、无线通信、微电子技术、嵌入式技术等飞速发展，使低成本、低功耗、微传感器成为现实。

在传感器网络中，位置信息对传感器网络的监测活动至关重要，事件发生的位置以及消息获取的节点位置对于监测消息有重大意义，因此确定事件发生的位置是无线传感器网络最基本的功能之一。传感器、感知对象和观察者构成了无线传感器网络的三要素。无线传感器网络作为一种全新的信息获取方式，在军事、国防、环境监测、危险区域的远程控制等许多领域都具有广泛的应用前景，但它的特殊性也给研究人员提出了大量具有挑战性的研究课题，如大鸭岛生态环境监测、森林火灾的现场位置监测、战场上敌方车辆运动的区域确定。

无线传感器网络节点通常随机布放，以自组织方式相互协作工作，而随机布放的节点无法事先知道自身位置，传感器节点自身定位必须实时进行。因此传感器网络定位一般包括两种：一种是网络节点自定位；另一种是对网络监控区域物体定位。所谓自定位是指传感器节点自身位置需要通过网络中少量已知位置的节点，按照某种定位机制确定出自身的位置。只有确定了传感器节点的自身位置后，才能实现网络监控区域的物体定位。传感器网络一旦具备定位功能，还能继续提供监控区域一些特定功能，包括目标跟踪、监视目标的行动路线、预测目标的前进轨迹、协助路由、网络管理等。所谓物体定位是指通过已知传感器网络信息确定区域内物体的位置。

无线传感器网络节点能量有限、可靠性差、节点规模大且随机布放，这对网络定位算法和定位技术提出了很高要求，需要传感器网络节点具备一些特殊的性质：具备自组织性能；具有较强的健壮性能；有较高的能量性能；具有一定的分布式计算能力。

无线传感器网络节点自定位就是未定位节点根据一定数量的已知自身确切位置的传感器节点，按照某种方式（这里主要是按某算法）确定自身的具体位置。无线传感器网络中的节点通常是人为布放在不同的环境中执行各种监测任务，以自组织的方式相互协调工作，最常见的是将传感器节点布放到指定的区域中，如布放于楼宇，以建立智能楼宇系统。

自从AT&T Laboratories Cambridge于1992年开发出最早的室内定位系统Active Badge至今，定位系统和算法的研究大致经过了两个阶段：第一个阶段主要偏重于紧密耦合型和基于基础设施的定位系统；第二个阶段主要偏向于松散耦合型和无须基础设施的定位系统（2000年以后）。

目前，已有一些系统和算法能够解决无线传感器网络自身定位的一些问题；不同的定位系统和算法被用于解决不同的问题或支持不同的应用。

1.基本术语

根据节点的位置信息，传感器节点一般被分为信标节点（已知节点、锚节点、参考节点）和未知节点（普通节点），信标节点一般数量较少，并能够通过一定方式获知自身位置信息。

在无线传感器网络的节点自定位技术中，常常用到以下一些基本术语：

（1）邻居节点（neighbor nodes）。传感器节点通信半径内的所有其他节点。

（2）跳数（hop count）。两个节点之间的跳段总数。

（3）跳段距离（hop distance）。两个节点之间间隔的各跳段距离之和。

(4)基础设施(infrastructure)。协助节点的已知自身位置的固定设备,如卫星、基站等。

(5)达到时间(Time of Arrival, TOA)。信号从一个节点传播到另外一个节点所需要的时间。

(6)达到时间差(Time Difference of Arrival, TDOA)。两种不同传播速度的信号从节点传播到另外一个节点所需要的时间之差。

(7)接收信号强度指示(Received Signal Strength Indicator, RSSI)。节点接收到的无线信号的强度的大小,称为接收信号的强度指示。

(8)到达角度(Angle of Arrival, AOA)。节点接收到的信号相对于自身轴线的角度。

(9)视线关系(Line of Sight, LOS)。两个节点之间没有障碍物,能够直接通信。

(10)非视线关系(No-Line-of-Sight, NLOS/no LOS)。两个节点之间有障碍物。

2.节点自定位的测距方法

在无线传感器网络节点自定位技术中,需要对节点之间的距离或方位进行测量,以便知道两节点间的估算距离。常用的节点间距离的测量方法有 RSSI, TOA, TDOA

和 AOA 。

(1)RSSI 技术是已知发射功率,在接收节点测量接收功率,计算传播损耗,使用理论或经验传播模型将传播损耗转化为距离。RSSI 的主要误差是环境影响所造成的信号传播模型的建模复杂性:反射、多径传播、非视距、天线增益等。它通常被看作一种粗糙的测距技术,有可能产生 50%的测距误差。

(2)TOA 技术是通过测量信号的传播时间来测量距离。使用 TOA 技术最基本的定位系统是 GPS,该系统需要昂贵、高能耗的电子设备以及精确的同步卫星时钟。由于受无线传感器网络节点硬件尺寸、价格和功耗限制,GPS 技术对无线传感器网络而言几乎是不可行的。

(3)TDOA 技术广泛应用在无线传感器网络的定位方案中,已有多种定位算法使用 TDOA 实现测距。在节点上安装超声波收发器和 RF 收发器,在发射端两种收发器同时发射信号,利用声波与电磁波在空气中传播速度的巨大差异在接收端通过记录两种不同信号到达时间的差异,已知信号传播速度,直接把时间转化为距离。该技术的测距精度较 RSSI 高,可达到厘米级,但受限于超声波传播距离有限和 NLOS 问题对超声波信号的传播影响;虽已有发现并减轻 NLOS 影响的技术,但都需要大量计算和通信开销,不适合低功耗的 WSN。

(4)AOA是一种估算邻居节点发送信号方向的技术，可以通过天线阵列或多个接收器结合来实现，美国麻省理工学院的The Cricket Compass项目利用了多个接收器提出了基于AOA的硬件解决方案。AOA技术受外界环境影响，如噪声、NLOS问题等；此外，AOA需要额外硬件，在硬件尺寸和功耗上限制了传感器节点的应用。

以上四种测距方法各有利弊，以RSSI和TDOA两种方法最为常用。

3.节点的定位方式分类

无线传感器网络按照不同的标准，有不同的定位形式：

(1) 绝对定位与相对定位。绝对定位指一个标准的坐标位置(如经纬度)，可为网络提供唯一的命名空间(如GPS定位系统)，受节点移动性影响较小，有着广泛的应用领域。目前，大多数定位系统和定位算法都可以实现绝对定位服务。

相对定位通常是以网络中部分节点作为参考，建立依赖于整个网络的相对坐标系统，但不需要信标节点。典型的相对定位算法和系统有SPA(Self-positioning Algorithm)，LPS(Local Positioning System)，SpotON。

(2)集中式定位与分布式定位。按对基础设施的依赖程度,分为集中式定位和分布式定位方式。集中式定位是指把所需信息传送到某个中心节点,并在该中心节点进行计算的定位方式;分布式定位是指依赖节点间的信息交换和协调,由节点自行计算的定位方式。集中式计算的优点在于从全局角度统筹规划,节点的计算量和存储量要求没有限制,能够获得相对精确的位置估算;缺点是离中心节点距离较近的节点会因为通信开销大而过早地消耗完电能,导致整个网络信息中断,无法定位。分布式计算优点在于传感器节点共同承担运算、通信,对中心节点依赖程度低;缺点是每个节点都要具有较好的计算能力和存储能力。

(3)基于距离有关的定位算法和基于距离无关的定位算法。按定位中是否需要测量节点的距离,把现有无线传感器网络自身定位算法分为两大类:Rang-based 和 Rang-free,即基于距离有关的定位算法和基于距离无关的定位算法。前者通过测量节点间的距离或角度信息,用三边测量法、三角测量法或最大似然估计法等计算节点位置;后者根据网络连通性等信息实现定位。

(4) 递增式和并发式。根据节点是否已知自身位置,把节点分为信标节点(beacon node)和未知节点(unknown node)。根据节点定位的先后次序不同,算法分为递增式定位算法和并发式定位算法。

递增式定位,从信标节点开始,信标节点附近的未知节点首先开始,依次向外延伸,各节点逐次进行定位;并发式定位，所有节点同时进行计算实现定位。

4.节点定位算法

实现任何一种节点定位算法时都必须考虑网络的基础设施、连通性、节点密度、信标节点密度、测距精度、通信开销和计算开销等因数，还要考虑不良节点和毁坏节点对定位算法的影响，保证定位算法的可靠性。

(1)三边测量法。在三维空间中，知道一个点到四个信标节点的距离，可以确定该节点的坐标。在无线传感器网络中，坐标系采用二维空间，只要知道一个节点到三个信标节点的距离就可以确定该节点的位置。

(2) 三角测量定位方法。三角测量定位方法也称为信号到达角度(AOA)定位法或方位测量定位法，该方法通过未知节点接收器天线或天线阵列测出信标节点发射电波的入射角，构成一根从未知节点到信标节点的径向连线，即方位线。在二维平面中，利用两个或更多信标节点的 AOA 测量值，按照 AOA 定位算法确定多条方位线的交点，计算出未知节点的位置。

(3) 质心算法。质心算法是南加州大学的 Nirupama Bulusu 等提出的一种仅基于网络连通性的室外定位算法。该算法的思想是：假设在二维空间中，信标节点的数据传播模型是一种理想的球型传播模型且节点分布密度足够大，则未知节点通信范围内的所有信标节点构成多边形，信标节点作为多边形顶点，则质心坐标是待定位未知节点的计算坐标。

节点自定位具体过程为，假设信标节点每隔一段时间向邻居节点广播一个信标信号，信号中包含信标节点自身标识号和位置信息。当未知节点在一段侦听时间内接收到来自信标节点的信标信号数量超过某一个预设门限 k 后，该节点认为与此信标节点连通，并将自身位置确定为所有与之连通的信标节点所组成的多边形的质心。试验表明，大约有 90%未知节点定位精度低于信标节点间距的 1/3。

(4)SPA 相对定位算法。SPA 相对定位算法选择网络中密度最大处的一组节点作为建立网络全局坐标系统的参考点(location reference group)，并在其中选择连通度最大的一个节点作为坐标系统原点。首先根据节点间的测距结果在各个节点建立局部坐标系统，通过节点间的信息交换与协调，以参考点为基准通过坐标变换(旋转、平移、翻转)建立全局坐标系统。

(5)凸规划定位算法。加州大学伯克利分校的 Doherty 等将节点间点到点的通信连接视为节点位置的几何约束，把网络模型化为一个凸集，将节点定位问题转化为凸约束优化问题，使用半定规划和线性规划得到一个全局优化的方案，确定节点位置。根据节点间的通信连接和节点无线通信射程，估算节点可能存在的区域，以矩形的质心作为未知节点的位置。凸规划是一种集中式定位算法，定位误差约等于节点的无线射程；为了高效工作，信标节点被部署在网络边缘。

(6)APS。APS 是美国路特葛斯大学的 Dragos Niculescu 教授等利用距离矢量(DV-Distance Vector)路由和 GPS 定位的思想提出的一系列分布式定位算法的合称,包括 DV-HOP, DV-Distance, DV-Coordinate 等一系列算法。DV-HOP 是该算法的基础,由三个阶段组成。首先使网络中所有节点获得距信标节点跳数;在获得其他信标节点位置和相隔跳距之后,信标节点计算网络平均每跳距离,将其作为校正值广播至网络中,如下式所示:

$$C_i = \frac{\sum \| \overrightarrow{L_i} - \overrightarrow{L_j} \|}{\sum h_{ij}} \tag{3-1}$$

其中,C_i 为校正值,矢量$\overrightarrow{L_i}$、$\overrightarrow{L_j}$为信标节点坐标,h_{ij} 为 L_i 到 L_j 的跳数。接受校正值后,未知节点选择最适合的一个;然后按跳数计算与信标节点之间的距离;当未知节点获取三个以上时,用三边测量计算出节点坐标。如图 3-1 所示,已知信标节点 L_1、L_2 与 L_3 之间的距离和跳数。

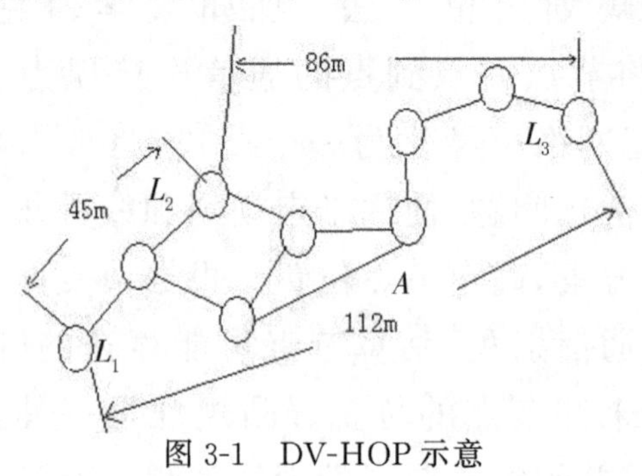

图 3-1　DV-HOP 示意

L_1、L_2、L_3 所计算得到校正值分别为

$$\begin{cases} C_1 = (45 + 112)/(2 + 6) = 19.63\text{m} \\ C_2 = (45 + 86)/(2 + 5) = 18.7\text{m} \\ C_3 = (86 + 112)/(5 + 6) = 18\text{m} \end{cases} \tag{3-2}$$

按照就近原则，未知节点 A 从 L_2 获得校正值 C_2，则它与 3 个信标节点之间的距离分别为 $S_1 = 3 \times C_2$；$S_2 = 2 \times C_2$；$S_3 = C_2$。然后使用三边测量法确定节点 A 的位置。

(7) Amorphous 定位算法。Amorphous 定位算法同 DV-Hop 类似，也分为三个阶段：①计算信标节点与未知节点的最小跳数；②计算未知节点到每个信标节点的距离；③计算未知节点的位置。Amorphous 将通信半径作为每跳的距离，误差较大，对算法从两个方面进行改进：重新计算平均每跳距离，计算平均每段距离；利用局部跳数平均值代替跳数，对跳数进行改进。

(8)Cooperative ranging 算法和 Two-Phase positioning 算法。这两个算法是利用循环求精提高定位精度的算法，都分为起始和循环求精两个阶段。起始阶段着重于获得节点位置的粗略估算；循环求精阶段，每一次循环开始时每个节点向其邻居节点广播它的估算位置，并根据从邻居节点接收的位置信息和节点间测距结果，重新执行三边测量，计算自身位置，直至位置更新的变化可接受时循环停止。

(9)AHLos(ad-hoc localization system)和 n-hop multilateration primitive 定位算法。这是由 UCLA(University of California，Los Angeles)在 TDOA 测距的平台上提出的

两个算法,其中后者是前者的改进。这两种算法提出了一种思维模式,即把已定位的未知节点升级为信标节点,并进行继续迭代定位。

(10)Generic Localized Algorithms 算法。Cooperative ranging 算法使用循环求精来降低测距误差影响,AHLos 算法利用将已定位的未知节点升级为信标节点来解决信标节点稀疏的问题。在此基础上,美国加州大学洛杉矶分校的 Seapahn Meguerdichianl 等人提出了通用型定位算法(generic localized algorithm),它的特点在于详细制订了未知节点位置估算并升级为信标节点的条件,以减少误差累计影响。

(11)Ecolocation 算法。Ecolocation 算法是一种基于测量无线电信号和距离进行转化的描述方式,并根据这种描述方式提出的一种算法。该算法利用信标节点与未知节点之间的距离,得到它们之间的 RSS 值,并将该值存储在节点的存储器中,通过这些值构成各个节点的约束矩阵,找出最大约束匹配矩阵,通过最大约束匹配矩阵得出未知节点的位置坐标。

(12)APIT 定位算法。弗吉尼亚大学的 Tian He 等提出的 APIT 也是一种通过求解约束集合以实现定位的方法。其定位过程为对每个未知节点进行数据收集;从与之通信的信标节点中选择 3 个节点,运用 PIT 测试判断它是在这 3 个信标节点所组成的三角形内部还是在其外部;未知节点将包含自己的所有三角形的相交区域的质心作为自己的估计位置,如图 3-2 所示。

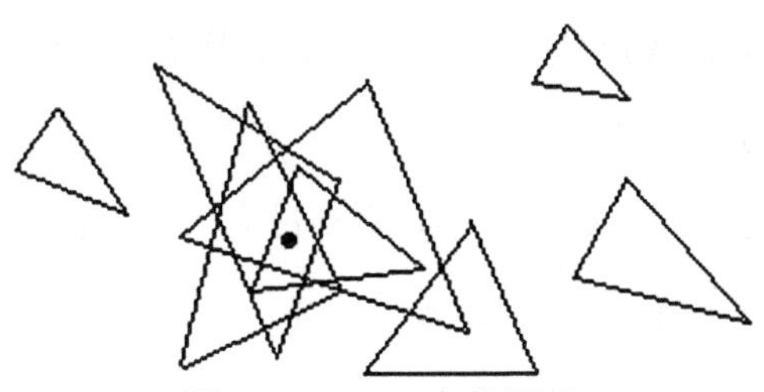

图 3-2　APIT 定位原理

APIT 测试是通过与信标节点交换信息，模拟节点的运动来实现的。信标节点构成了$\triangle ABC$，完备 PIT 测试原理(perfect PIT test theory)的两条原则如下：

待测试节点 M 向任何一个方向移动，都会使其靠近其中至少一个信标节点，那么节点 M 处于$\triangle ABC$ 内部；如果存在一个方向，待测试节点 M 向该方向移动，使其同时靠近或远离三个信标节点，那么节点 M 处于$\triangle ABC$ 外部。

(13)恒模算法(CMA)。恒模算法作为信号处理领域的热点问题之一，主要应用于盲均衡、多用户检测、盲干扰抑制和波束形成等领域。复旦大学的一些学者首次将其应用于 WSN 节点自定位，提出了基于恒模算法的新定位方法 CMA-MAP 以及它的一种增强型算法(CMA-MDS)。

(14)极大似然估计法(maximum likelihood estimation)。极大似然估计法是求估计的一种方法。无线传感器因为网络节点的硬件和能耗限制，节点间测距通常误差较大，经常出现三边测量法中三个圆无法交于一点的情况，这时使用极大似然估计法，寻找一个使测距距离与估算距离之间差异最小的点，以该点的坐标作为未知节点的位置。

从定位算法的理论研究到具体实现并不能一蹴而就，要对节点定位算法从理论到实现过程中的细节进行反复研究，并最终在实体环境中进行测试。

5.定位算法性能评价

特别的特性使得无线传感器网络的定位算法必须具备一些特点：自组织性，指节点随机部署，不依赖全局基础设施；健壮性，指在节点硬件配置低、能量有限、可靠性较差，定位算法必须能够容忍节点失效和测距误差；节能性，指尽可能地减少计算的复杂度，减少通信开销，延长网络的生存周期。

无线传感器网络自身定位系统和算法的性能直接影响其可用性，如何评价它们是一个需要深入研究的问题，下面定性地讨论了几个常用的评价标准：

(1)定位精度。定位技术首要评价的指标是定位精度。目前，最常用的指标是定位解的均方误差（MSE）、均方根误差（RMSE）、克拉美-罗下界（CRLB）、圆误差概率（CEP）、几何精度因子（GDOP）等，也可用误差值与节点无线射程的比例表示。

(2)信标节点密度和节点密度。信标节点定位通常依赖人工部署或GPS实现。人工部署信标节点方式受网络部署环境的限制，同时严重制约了网络及其应用的可扩展能力。节点密度增大不仅意味着网络部署费用的增加，节点间的通信冲突问题易于带来带宽的阻塞。节点密度通常以平均连通度来表示。

(3)容错性和自适应性。定位系统和算法需要比较理想的通信环境和可靠的网络节点设备。外界环境中存在严重的多径传播、衰减、非视距、通信盲点等问题。网络节点由于周围环境或自身原因(如电池耗尽、物理损伤)而出现失效的问题。节点硬件精度限制造成节点间距离或角度测量误差增大的问题。物理维护或替换传感器节点常常是不可行的。因此，定位系统和算法的软、硬件必须具有很强的容错性和自适应性，能够通过自动调整或重构纠正错误、适应环境、减小各种误差的影响，以提高自定位精度。

(4)覆盖率。覆盖率一般是指可实现定位的未知节点与未知节点总数的比例。实现尽可能多的未知节点的精确定位是自身定位算法和系统的追求目标之一。

(5)功耗和代价。功耗是对无线传感器网络的设计和实现影响最大的因素之一。由于传感器节点电池能量有限，在保证定位精度的前提下，与功耗密切相关的定位所需的计算开销、通信开销、存储开销以及时间复杂性是一组关键性指标。

定位系统或算法的代价可从几个不同方面来评价。时间代价包括一个系统的安装时间、配置时间、定位所需时间;空间代价包括定位系统或算法所需的基础设施和网络节点的数量、硬件尺寸等;资金代价包括实现定位系统或算法的基础设施、节点设备的总费用。

上述几个性能指标是评价无线传感网络自身定位系统和算法的标准,也是设计和实现优化的目标。为了实现这些优化,仍有大量研究工作需要完成。这些性能指标是相互关联的,必须根据应用的具体需求做出权衡,以选择和设计合适的定位技术。

3.2 无线传感器网络节点坐标定位模型

无线传感器网络节点布置模型包括所有节点随意布置,中心节点固定而其他节点不固定以及所有节点基本固定等模型。本节所讨论的定位模型特别是指所有节点随意布置。以平面为研究对象,随机抛撒传感器节点,分布模型一般为凸多边形。

为简化起见,假设分布模型为理想平面凸多边形;以凸多边形的各顶点为信标节点,假设此时各信标节点已经构建成一稳定的拓扑网络,且都已知各自的标号信息和位置信息;假设所研究的未知节点位于该凸多边形内部,并只研究一个未知节点情形;做进一步简化,假设已知该未知节点到各个凸多边形顶点(即信标节点)的距离;最后,该网络中的距离参数、拓扑网络、信息连通度为不受外界其他参数影响的数值。假设整个无线传感器网络处于 N 维的场景中（N 一般取值 2 或 3），并且所处的环境为各向同性，传播的信道模型为视线关系，即两个节点之间没有障碍物，能够直接通信；信道通信模型为理想模型，即通信信道为恒参信道模型。

由以上简化要求，得如图 3-3 所示的凸多边形。

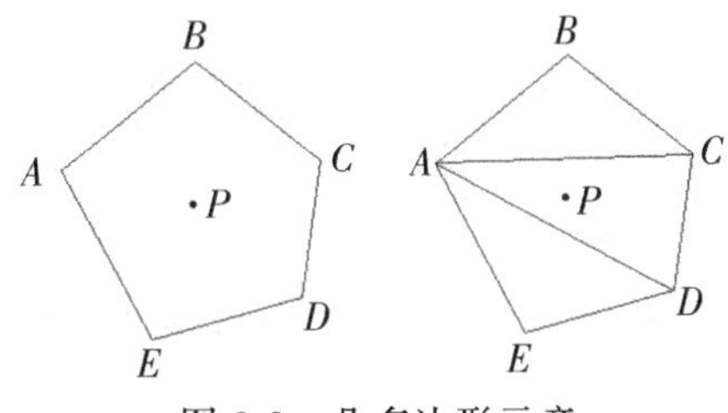

图 3-3　凸多边形示意

假设待定位未知节点 P 到凸多边形顶点 n 个信标节点的距离依次为：$d_1, d_2, \cdots, d_n$，并且已知各信标节点的坐标依次分别为 (x_1, y_1)，(x_2, y_2)，…，(x_n, y_n)，则未知节点 P 的求解可通过下列方程组：

$$\begin{cases}(x_1 - x)^2 + (y_1 - y)^2 = d_1^2 \\ \cdots \\ (x_n - x)^2 + (y_n - y)^2 = d_n^2\end{cases} \tag{3-3}$$

式(3-3)的几何模型对于理想模型的问题总是能够成立的。实际上，在传感器网络中，由于测量距离参数，信道衰落，造成各节点自身坐标信息的不精确，总会使得其中绝大部分等式不能成立。假设 $f_1,f_2,\cdots,f_n$ 为各信标节点与未知节点之间的坐标计算距离与测量距离差，即：

$$\begin{cases} f_1 = d_1 - \sqrt{(x_1 - x)^2 + (y_1 - y)^2} \\ \cdots \\ f_n = d_n - \sqrt{(x_n - x)^2 + (y_n - y)^2} \end{cases} \tag{3-4}$$

由几何模型可知，对于理想模型，式(3-3)总能够成立，即 $f_1,f_2,\cdots,f_n$ 等于0，由于实际各种因素的影响，故希望 $f_1,f_2,\cdots,f_n$ 的绝对值的和值越小越好，即 $\sum_{i=1}^{n}|f_i|$ 尽量小。

在式(3-4)中，$d_i(x_i,y_i)$ 在实际使用环境下都是已知或是可测量计算的参数值，即求解 $\sum_{i=1}^{n}|f_i|$ 的最小值。实际上按照一定优化规则，编出适合的程序，即可以一定概率搜索到合适的可行解。

3.3 遗传算法定位优化设计

1.算子的选择

函数优化是遗传算法的经典应用领域，也是对遗传算法进行性能评价的常用算例，可以用各种各样的函数来验证遗传算法的性能。

在遗传算法中，由于实数编码具有搜索范围大、精度高等优点，因而本文采用了实数编码，即染色体为变量的真实值。本文就二维空间进行讨论，染色体是二维的，分别表示了节点的横坐标和纵坐标，比如对于个体 $s=(s_1,s_2)$，则 s_1代表横坐标 x，s_2代表纵坐标 y。初始种群一般是随机产生一定维数的随机数(若是二进制编码方式，则为 0、1；若是采用实数编码方式，则在一定范围内的实数，随机产生)。

2.适应度函数

在遗传算法中使用适应度函度来度量群体中各个个体在优化计算中能达到或接近于或有助于找到最优解的优良程度。适应度函数也称为评价函数，是根据目标函数用于区分群体中个体好坏的标准，是算法演化过程的驱动力，也是进行自然选择的唯一依据。

遗传算法的适应度函数设计的规则有：

(1)单值、连续且能极大化。

(2)适应度函数必须能够反映对应解的优劣程度，即要求合理、一致。

(3)计算量要尽量小，适应度函数要求应尽量简单，可以减少计算时间和空间的复杂程度，从而降低计算成本。

(4)适应度函数应尽量对某类具体问题有通用解,即通用性强。

修正后的函数,如式(3-5)所示:

$$\begin{cases} x = \sum_{i}^{n} (x_i - |f_i|)/n \\ y = \sum_{i}^{n} (y_i - |f_i|)/n \end{cases} \tag{3-5}$$

考虑到节点定位的实际模型,应考虑其有向相量的改变,修正的大小取平均误差值 $\frac{1}{n}\sum_{i=1}^{n}|f_i|$ 。

按照适应度函数设计原则,用遗传算法搜索求解过程,常常求解最小值,如果研究对象为最大值问题,也可以用一定的方式转化为最小值研究。若 $d_i(x_i, y_i)$ 都为已知值,(s_1, s_2) 为二维染色体,对应于坐标体系的横纵坐标值,$f(s)$ 就表示了遗传算法优化环境下的坐标误差平均值。故选取适应度函数如下:

$$f(s) = \frac{1}{n}\sum_{i=1}^{n}\left|\sqrt{(s_1 - x_i)^2 + (s_2 - y_i)^2} - d_i\right| \tag{3-6}$$

3.节点误差优化流程图

遗传算法节点优化一般过程如下:

(1)建立编码方案;

(2)设计适应度函数,用于过程优化选择规则;

(3)设置各类优化条件,随机建立一个初始种群;

(4)用适应度函数对个体做一次适应度评估;

(5)对种群中个体实现交叉、变异、重组;

(6) 产生新的子代,并取代种群原有不适应的个体;

(7)让群体不断迭代,寻找局部或者全局最优解。

算法流程如图 3-4 所示,将遗传算法应用于无线传感器网络节点的定位误差值模型优化中,在本算法流程中,不考虑计算节点间的距离和坐标值,仅就遗传算法针对坐标误差值的优化进行设计。

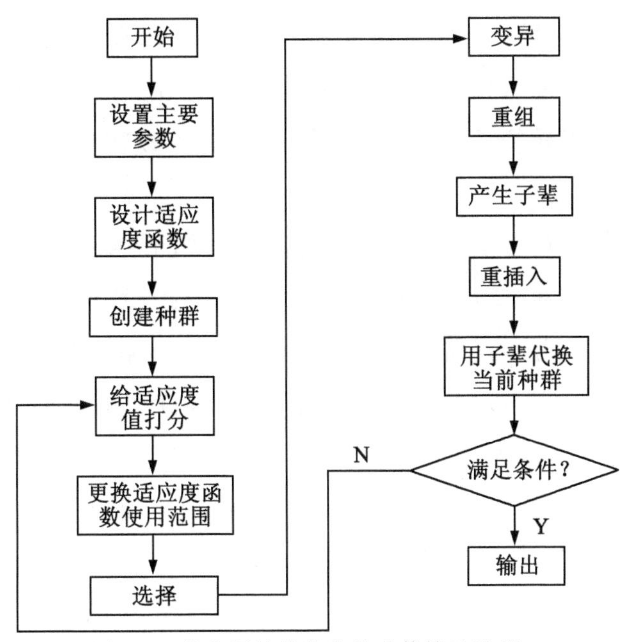

图 3-4　节点误差值优化的遗传算法流程

流程图对应的具体步骤和过程如下:

(1)设定算法中各个参数,包括个体数目 NIND、最大遗传代数 MAXGEN、变量维数 NAVR、变量的位数 PRWCI、代沟 GGAP、变异率的设置、选择方式设置等。

(2)设计适应度函数，创建一个随机初始种群，构成 NIND×2 的矩阵(这里主要针对二维空间进行讨论)。

(3)给适应度值打分，即对当前的初始种群计算每一个个体对应的适应度函数值。

(4)对种群中的适应度值，按降序方式排列，并分配给各个个体适应度值，并更换适应度函数使用范围。

(5)根据适应度函数选择父辈，并由父辈产生子辈。

(6)子辈可以通过随机改变单个父辈值即变异操作来进行，子辈也可以通过一对父辈的组合相量产生，即交叉操作进行(变异概率和交叉操作的选择在最初参数设置中已经设定)。

(7)用新生成的子辈替换当前种群，形成下一代。

(8)对 NIND 个个体进行适应度函数计算，纪录最佳值。

(9)是否满足最优条件，如果满足，则输出最优解，如果不满足则转至步骤(3)，进行循环迭代，直到满足条件。

在搜索求解中，有时候还需要设置代沟值，则在步骤(7)中，新生成的子辈由于代沟作用，产生的相量组要比父辈少。在实际中，考虑到代沟的影响，产生子辈后，需要对子辈缺失的维数进行补充。遗传算法中，选择操作、变异操作、重组操作的方式有很多种，针对不同的应用需求和应用环境，选择不同的设置。本仿真环境在个人计算机上运行的环境较节点的实际环境要好，对于仿真结果的真实环境的应用，还需要节点研制成功，布放构成网络以后再做进一步的探讨。

优化过程中，交叉概率始终控制着遗传运算中起主导地位的交叉算子。交叉概率控制着交叉操作被使用的频率。较大的交叉概率可使各代充分交叉，但可能使得群体中的优良模式遭到破坏；交叉概率越低，进化的速度就越慢；若交叉概率太低，就会使更多的个体直接复制到下一代，遗传算法可能陷入停滞状态。一般建议交叉概率 P_c 取值范围是 0.4～0.99。在实际使用中，当变异概率 P_m 很小时，解群体的稳定性好，但一旦进入局部极值就很难自动跳出来，易于产生未成熟收敛，当增大 P_m，可扩大搜索空间，但会破坏解群体的同化。一般 P_m 值范围是 0.000 1～0.1。群体规模（population）的大小直接影响到遗传算法的收敛性或计算效率。规模过小，容易收敛到局部最优解；规模过大，会降低计算速度。故群体规模可以根据实际情况在 10～200 之间选定。

4.仿真与分析

由于本例选取的无线传感节点处于二维空间中，通信信号的传播模型为视线传播关系，且信道为恒参信道，则可选取遗传算法中的各个操作参数值，如变异操作等，取线形变换形式：

种群大小　　　　　　Popsize＝40；

最大遗传代数　　　　　　MAXGEN＝100；

交叉率　　　　　　　　　XOVR＝0.7；

变异率　　　　　　　　　MUTR＝0.0017；

代沟　　　　　　　　　　GGAP＝0.9；

适应度取值范围　　　　　RANGA＝[－100,100]。

适应度函数中使用线性评估，按降序方式排列计算出适应度值，并使最佳适应个体适应度值为 2，最差适应度值为 0。

如图 3-5 所示，对信标节点数量较少时进行仿真，图(a)和图(b)分别代表经过 100 次和 50 次迭代以后，所寻求的最优解。由图可以看出，在信标节点数较少的情况下，遗传算法的运行迭代次数少时，误差值大，运行迭代次数多时，误差值小，迭代次数越多，误差值越小。

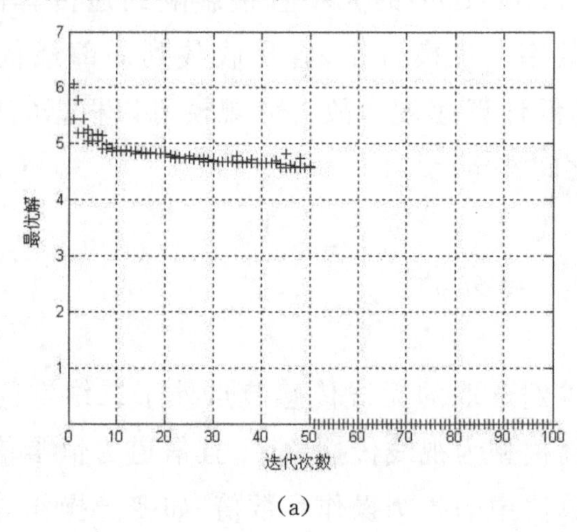

(a)

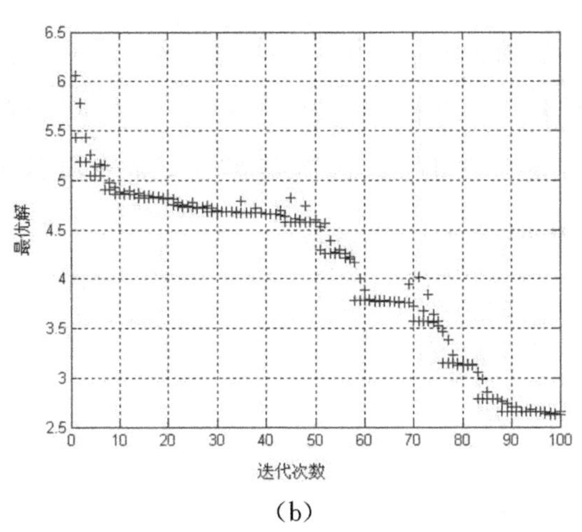

(b)

图 3-5　信标节点数量较少时仿真

(a)节点数量少,迭代次数少　(b)节点数量少,迭代次数较多

如图 3-6 所示,在节点数量较少的情况下,在经过遗传算法的不断迭代中,均值也在不断地变化。这表明了每一次迭代的种群平均值在不停地被保留下来,最终会求得种群均值变化过程,即计算出的最优解的均值,代表节点的误差值的均值变化过程。

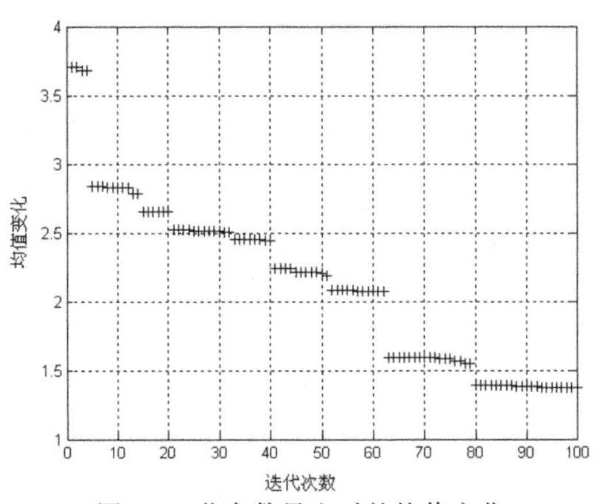

图 3-6　节点数量少时的均值变化

如图 3-7 所示为节点较多的情况。图(a)和图(b)分别表示了经过 50 次和 100 次迭代运行，所寻求的最优解。表明节点数量较多时，迭代次数越少，误差值越大；迭代次数越多，误差值越小。

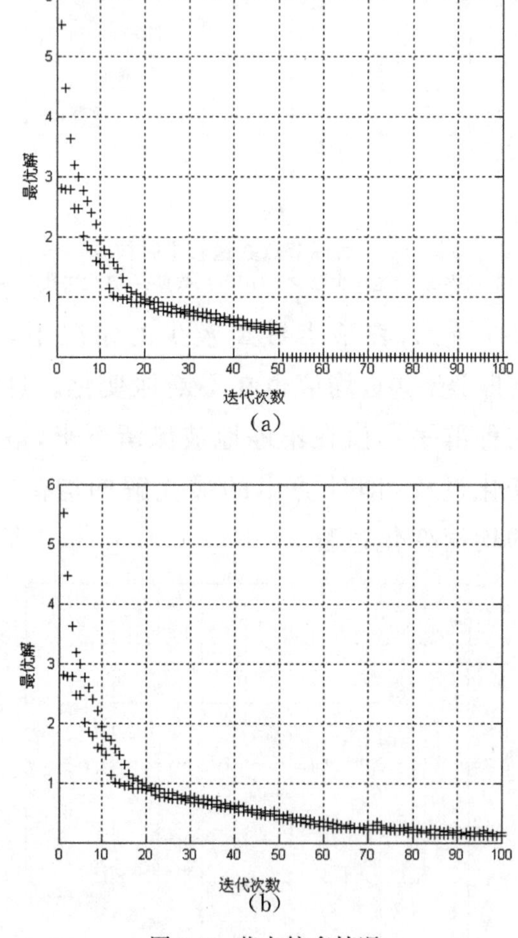

图 3-7　节点较多情况

(a)节点数量较多时，迭代次数少　(b)节点数量较多时，迭代次数多

如图 3-8 所示，在节点数量较多的情况下，经过遗传算法优化，最终求得种群的平均值变化。该图对检测平均误差值有参照作用，表现了在误差值迭代求解过程中的均值变化情况。当已知信标节点数量较多时，遗传算法能够在相对较短的迭代周期内，搜索到符合条件的最优解，即能够迅速给出未知节点的相关参数，求出平均误差值；当已知信标节点数量较少时，遗传算法能够在相对较长的迭代周期内，搜索到相对符合条件的最优解，能够给出未知节点的相关参数，求出平均误差值。所以说，信标节点的数量，遗传算法的相对迭代次数都影响到了最优解的寻求，并且相比较而言，节点数量对最优解的搜索影响较大。

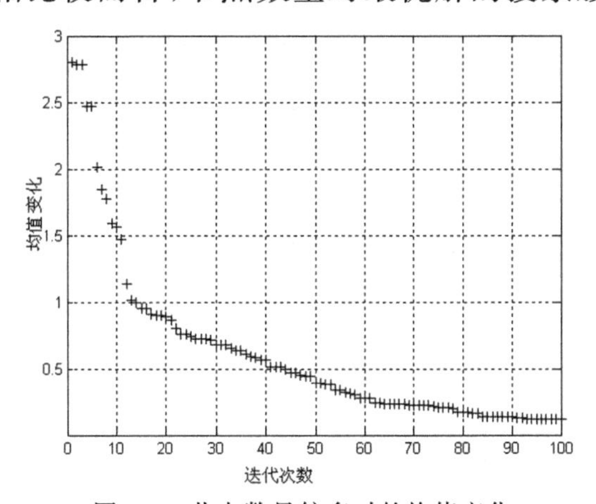

图 3-8　节点数量较多时的均值变化

如图 3-9 所示，在设定连通度性能时，图(a)的连通性较佳，图(b)连通性较差。在相同迭代次数和相同节点数目情况下，图(a)的误差值要小于图(b)的误差值。同时，在遗传算法迭代过程中，搜索到最优解的速度，图(a)要略优于图(b)。

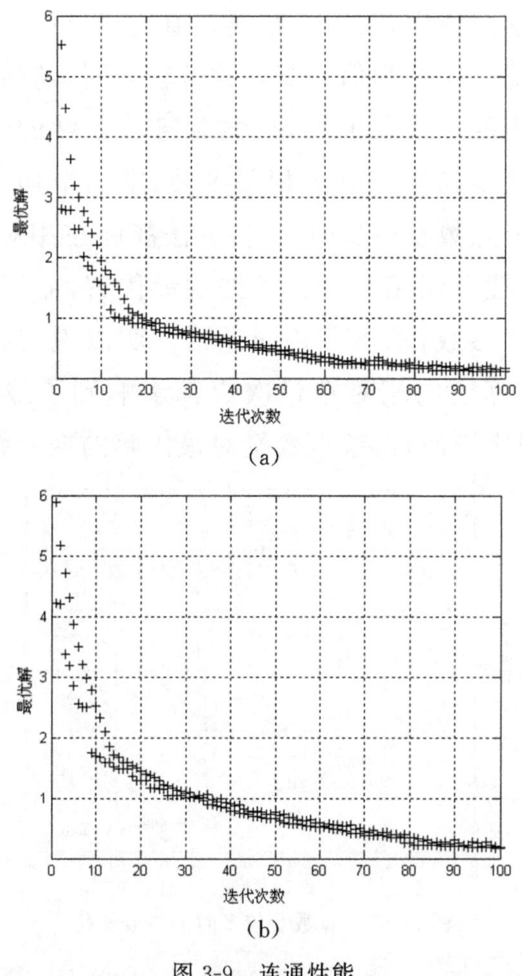

图 3-9 连通性能

(a)连通度较好时 (b)连通度较差时

如图 3-10 所示，在设定连通度性能时，参数选取比较接近，图(a)的连通性较差一些。由图可见，图(a)的均值较大，即最优解的搜索比较慢，并且图(a)的整体均值要高于图(b)，即在连通性差的情况下，节点定位的相关参数不是最优解。

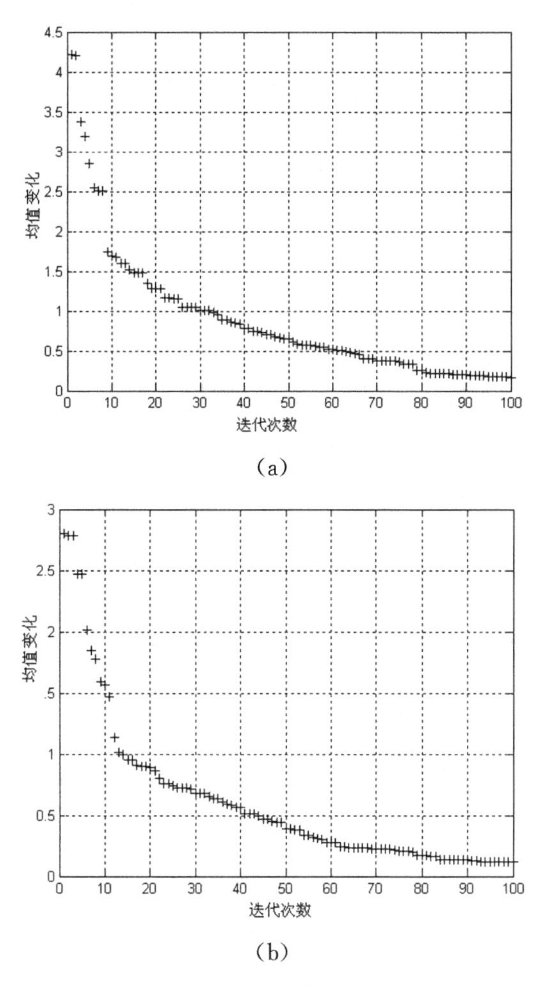

(a)

(b)

图 3-10　参数接近

(a)连通度较小时，对均值的影响　(b)连通度较大时，对均值的影响

信标节点的密度、信标节点之间的连通性能和搜索迭代次数都会影响可行解的误差值，其中信标节点的密度、信标节点之间的连通性能跟节点性能本身有关，而搜索迭代次数只跟本文中选取的遗传算法规则有关。

3.4 蚁群算法定位优化设计

1.蚁群算法模型

蚁群算法可以作为离散组合优化解法，因此可以将无线传感器网络节点定位问题转换为函数优化问题。设所布设的无线传感器网络为随机布放，网络中包括已知节点和未知节点共计 N 个，未知节点数为 N_{un}，目标函数为

$$f(x_1, y_1, \cdots, x_{un}, y_{un}) = \sum_{i=1}^{N_{un}} \sum_{j \in N_i} (d'_{ij} - d_{ij})^2 \quad (3\text{-}7)$$

其中，(x_i, y_i)是未知节点 i 的位置估计坐标，N_i 表示节点 i 的邻居节点集合，节点(x_j, y_j)作为节点 i 的某邻居节点，j 可以是已知节点，也可以是未知节点。d_{ij}'为估计距离，d_{ij}表示节点 i 和 j 之间的测量距离。在某时刻 t，未知节点 i 的估计坐标为$(x_i(t), y_i(t))$，则未知节点可以构成一个矩阵 $\boldsymbol{P}(t)$，该矩阵列向量为估计坐标，横向量为 N_{un}个未知节点排列，具体如下：

$$\boldsymbol{P}(t) = \begin{bmatrix} x_1(t) & x_2(t) & \cdots & \cdots & x_{un}(t) \\ y_1(t) & y_2(t) & \cdots & \cdots & y_{un}(t) \end{bmatrix} \quad (3\text{-}8)$$

蚂蚁前进方向选择的概率及信息素的更新规则分别为

$$P_{idr}=\frac{\boldsymbol{\tau}_{idr}}{\sum_{r=0}^{R}\boldsymbol{\tau}_{idr}} \tag{3-9}$$

$$\boldsymbol{\tau}_{idr}(t+1)=\begin{cases}\rho\cdot\boldsymbol{\tau}_{idr}(t)+Q, & \text{如果在 dr 方向上}\\ \rho\cdot\boldsymbol{\tau}_{idr}(t), & \text{其他}\end{cases} \tag{3-10}$$

考虑计算及网络特征，这里要求信息素依附于蚂蚁移动的方位，P_{idr}表示节点 i 在 dr 方向上的转移概率，$\boldsymbol{\tau}_{idr}$表示节点 i 在 dr 方向上的信息素浓度。ρ 表示信息素的持久度，Q 表示贡献度常数。

蚂蚁遍历所有未知节点并根据方向选择概率公式，选取下一时刻坐标，根据新的矩阵计算目标函数值，选取目标函数最小的那一只蚂蚁的估计矩阵作为新的估计矩阵，再修改信息素浓度，重复以上过程，直至选取到最优解。

2.算法流程和仿真

(1)基于蚁群算法节点定位的流程如下：

①初始化未知节点坐标矩阵，设置各个参数初始值，并设置迭代次数。

②设置信息素浓度矩阵 $\boldsymbol{\tau}_{idr}$ 中的所有元素为常数。

③蚂蚁遍历所有未知节点，并根据方向选择概率公式确定蚂蚁移动方向。

④计算每只蚂蚁得到的目标函数值，选择最小蚂蚁的

估计矩阵作为未知节点的估计矩阵。

⑤更新信息素浓度,迭代次数+1。

⑥判断是否满足条件;如果满足则结束,如果不满足则跳转到③。

⑦输出结果。流程如图 3-11 所示。

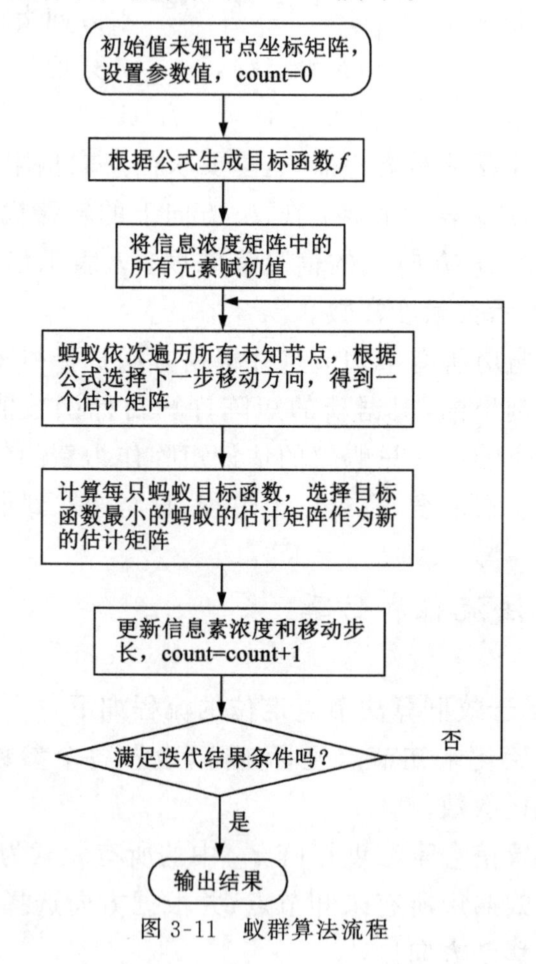

图 3-11　蚁群算法流程

(2)仿真。本程序采用 matlab R2014a 版本,在 4G 内

存、Win 7 系统下进行仿真。设节点总数为 100 个，分布在 100×100 区域范围，已知节点比例大约为 10％，节点测距没有误差，且各节点在测试过程中不存在位置偏移。如图 3-12 所示，节点已经随机布放。

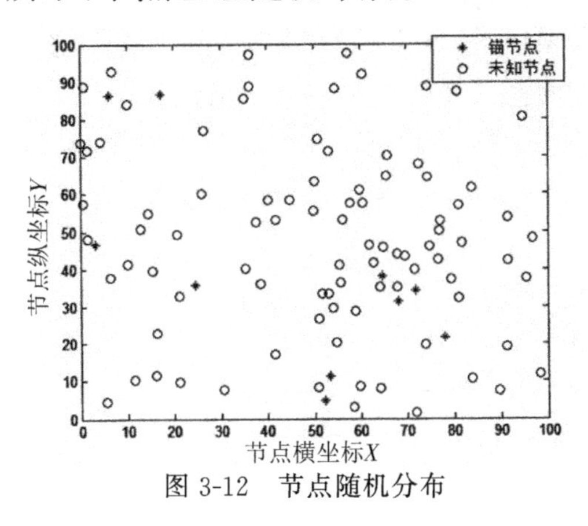

图 3-12　节点随机分布

如图 3-13 所示，采用蚁群算法，未知节点定位误差平均可以达到 20％，由于设计中未考虑其他因素影响，事实上，节点布放、节点之间测距和节点的通信方式都对定位误差产生一定影响。

由图 3-14 看出，已知节点的密度对定位误差存在影响，当已知节点密度在 5％时，定位误差高达 40％；当已知节点密度达到 10％时，定位误差则降至 22％左右；当已知节点密度达到 30％时，定位误差为 13％左右。因此，已知节点密度提高到一定程度后，无法有效降低误差密度。

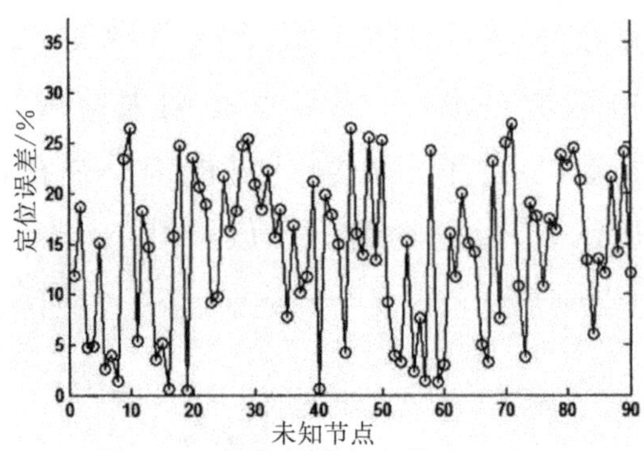

图 3-13 随机节点与定位误差关系

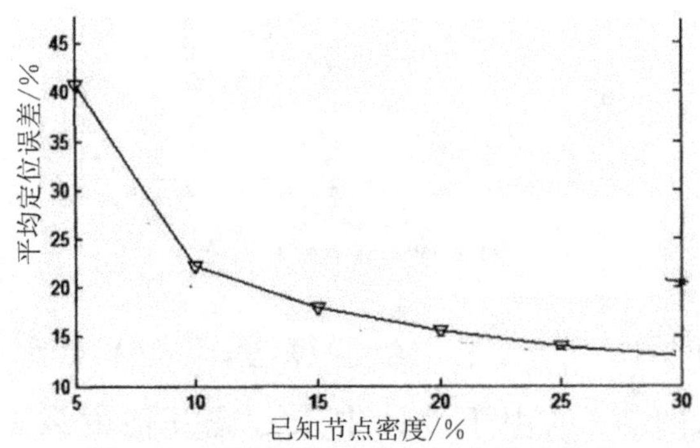

图 3-14 已知节点密度与定位误差关系

参考文献

[1]孙利民,李建中,陈渝,等.无线传感器网络[M].北京:清华大学出版社,2005.

[2] Akyildiz IF, Su W. et al. Wireless Sensor Networks: a Survey [J].Computer Networks,2002(3).

[3]Edgar H C. Wireless Sensor Networks:Architectures and Protocols[M]. Florida: Auerbach Publications, 2003.

[4]Robert D H. The Future of Technology[J].Business Week,2003(1—50).

[5] Terry J van dererff. 10 Emerging Technologies that Will Change the World[J].MIT Enterprize Technology Review,2003(106).

[6]Sohrabi K,Gao J,Ailawadhi V,et al.Protocols for Self-organization of a Wireless Sensor Network[J]. IEEE Personal Communications,2000(7).

[7]Hightower J,Borriello G. Location Sensing Techniques[J].Department of Computer Science and Engineering,University of Washington,2001(58—79).

[8]Avancha S,Undercoffer J,Joshi A,et al. Secure Sensor Networks for Perimeter Protection[J].Computer Networks,2003(43).

[9] Nirupama Bulusu, John Heidemann D. Estrin. Deborah Estrin GPS-less Low Cost Outdoor Localization For Very Small Devices[J].IEEE Personal Communications,2000(7).

[10]Rabaey J M,Ammer M J,Da Silva J L,et al. PicoRadio Supports Ad Hoc Ultra-low Power Wireless Networking[J]. IEEE Comp Mag, 2000(33).

[11] Want R, Hopper A, Gibbons J. The Active Badge Location System[J]. Acm Transactions on Information Systems,1992(10).

[12] 张华.基于遗传算法的无线传感器网络节点的自定位技术研究[D].杭州:浙江工业大学,2009.

第4章　仿生算法在网络覆盖中的应用

4.1　无线传感器网络覆盖基础

1.覆盖问题分类

无线传感器网络覆盖优化是无线传感器网络中一个非常重要的问题。覆盖控制是指传感器节点在能量、通信、处理能力受限的情况下，通过优化算法来改变传感器节点位置、感知方向和路由等方式，使网络能量、位置等资源得到综合优化配置，提高网络服务质量。覆盖优化关注的是如何调度传感器节点来使人们全面地获取对象的准确信息，即通过各节点的协同来达到对监测对象不同层次的管理或感知信息的获取。由于节点的冗余布置必定会产生无效的数据，其处理、传输都会加速消耗网络资源，这与网络的感知服务质量之间存在很大的矛盾。在覆盖问题研究过程中，通常把延长网络的寿命作为重要指标，同时兼顾网络对于感知、处理、传输等多种服务质量的要求。通过覆盖监测我们可以了解目标区域内是否存在监测盲区，并能对目标区域内传感器节点的分布情况进行定量分析，使得进一步调整传感器节点分布、添加新的传感器节点、配置传感器节点的工作周期等操作成为可能。因此，有效地覆盖监测网络有助于网络节点能量的有效控制，有利于提高感知服务质量以及整体生存时间的延长。由于无线传感器网络的各种特殊性，覆盖区域监测的过程中也会带来网络中相关传输、成本、存储和计算等代价的提高。在实际工程中，应综合考虑保证服务质量和覆盖最大化。通过算法优化覆盖，可以在传感器数量有限的前提下最大限度地覆盖监测区域，减少监测盲点。为促进无线传感器网络的迅速普及和实用化，有必要设计高效的覆盖监测算法，确保用户对网络覆盖的要求，同时满足网络的连通性、能量有效性、算法复杂性、网络动态性与可扩展性等条件约束。

为了使无线传感器网络能够完成目标监测和信息获取任务，必须保证无线传感器节点能有效地覆盖被监测区域或目标。由于无线传感器网络是基于应用的网络，不同的应用具有不同的网络结构与特性。无线传感器网络的覆盖问题也存在着多种角度的分类方式。

(1)按配置方式分类。按照无线传感器网络节点不同的配置方式(即节点是否需要知道自身位置信息)，可以将覆盖问题分为确定性覆盖、随机覆盖两大类。

①确定性覆盖。网络覆盖所属的物理环境信息是已知的。如果网络的状态相对固定或是环境已知，就可以根据预先配置的节点位置确定网络拓扑情况或增加关键区域的传感器节点密度，这种情况被称为确定性覆盖问题。此时的覆盖控制问题，就成为一种特殊的网络或路径规划问题。典型的确定性覆盖有确定性区域/点覆盖、基于网格的目标覆盖和确定性网络路径/目标覆盖三种类型。该类覆盖主要应用于家庭保健、智能交通等方面。

②随机覆盖。网络环境事先是未知的，网络环境比较复杂多变。在许多实际自然环境中，由于网络情况不能预先确定且多数确定性覆盖模型会给网络带来对称性与周期性特征，从而掩盖了某些网络拓扑的实际特性；同时，网络自身拓扑变化复杂，导致采用确定性覆盖在实际应用中具有很大的局限性，不能适用于战场等危险或其他环境恶劣的场所。对节点随机分布在传感区域而预先没有得到自身位置的情况进行讨论，这正是随机覆盖所要解决的问题。该类覆盖主要应用在环境监测、军事等领域。

(2)按感知模型分类。传感器的感知能力很大程度上决定了传感器节点的覆盖情况，从而影响着整个网络的覆盖性能。要研究无线传感器网络的覆盖问题，必须讨论其节点所配备的传感器感知模型与特性。目前主要研究的有两类感知模型：二进制感知模型和指数感知模型。

①二进制感知模型覆盖。一般情况下，大多数节点的

感知范围是一个以节点为圆心，半径为其感知距离即探测距离(由节点硬件特性决定)的圆形区域。只有在该圆形区域内的点，才能且一定被该节点感知(即被覆盖)，否则不能被监测。通常情况下，目标在探测距离内被节点感知记为“1”，超出探测距离而未被节点感知记为“0”，因此也称此类覆盖为 0-1 覆盖。在实际应用当中，节点除了有圆形感知区域以外，还可能有其他规则或不规则的感知区域。

②指数感知模型。节点探测到某一点处所发生的事件的概率与它们之间距离的 $k(k \geqslant 2)$ 次方成反比，这样的节点模型被称为指数感知模型。在某些研究场合，特别是在考察运动目标时，指数感知模型比较符合实际的情况，受到人们的广泛关注。事实上，目前使用的二进制感知模型和指数感知模型并不能很好地全面反映传感器节点间的差异性和时间特性。如何设计更多更实际的感知模型来实现无线传感器网络的覆盖算法是今后研究覆盖问题的一个重要方向。

(3)按目标特性分类。无线传感器网络收集的是目标区域或特定目标的信息，而对于不同的目标区域或目标具有不同的物理特性的情况，则在覆盖控制算法的设计上需要加以考虑。节点具有强大的信息获取和处理能力。通常情况下，节点是静止部署在网络环境下，在很多应用中，要求节点具有一定的移动能力，需要对覆盖区域进行重部署，提高区域的覆盖性能。根据节点在网络中是静止还是移动的，可以将静态目标覆盖和动态目标覆盖。

①静态目标覆盖。目标在网络监测期间静止不动，对于这样的目标监测就属于静态目标覆盖。静态目标覆盖是无线传感器网络覆盖问题中最普通的也是相对比较简单的情况，比如林区火灾监测、温度监控等。在这种情况下，设计覆盖控制算法或协议主要考虑覆盖的全面性以及对覆盖冗余节点处理等。

②动态目标覆盖。在实际应用中，随机部署在覆盖区域内的节点由于环境复杂性影响，容易形成较大覆盖盲区，从而影响节点之间的连通性和传感器网络的覆盖性能。由于静止节点的局限性，应用环境对移动节点的引入提出了新的要求。如何监测运动目标是动态目标覆盖考虑的主要问题。目标的运动具有一定的复杂性，如匀速运动与变速运动、直线运动与曲线运动等，对节点的感知能力以及网络的覆盖控制提出各自不同的要求，在设计覆盖算法时应当全面考虑。在战场中，对敌军单兵运动的侦测和对敌军坦克运动的侦测明显不同，因为两者能被节点监测到的信号在强度方面是有很大区别的。

(4)按覆盖区域分类。按照无线传感器网络对覆盖区域的不同要求及其不同应用，可以把覆盖问题分为区域覆盖、点覆盖和栅栏覆盖三类。区域覆盖要求目标区域内的每个点至少被一个节点覆盖；点覆盖考虑的是对若干离散目标点的覆盖；栅栏覆盖关注网络对移动目标的检测能力，要求当某个移动目标沿任意路径穿越网络部署区域时,目标被发现的概率最小。

区域(面)覆盖算法。区域覆盖是指利用传感器节点对待监测物体所在的区域实施最大面积的覆盖,在理想环境下,区域覆盖的目标是用传感器节点覆盖整个待监测区域,即对于区域内的任意一点,要能被至少一个传感器节点所感知,如图 4-1 所示。区域覆盖是覆盖问题中最常见的也是被研究最多的问题之一。区域覆盖要求节点完全覆盖整个目标区域,而如何使网络区域中的每个点均被传感器节点覆盖是考虑最多的问题。除了完全覆盖问题,节约能量的区域覆盖优化和移动节点覆盖也成为研究目标。区域覆盖的应用范围较广,包括环境监测、水情监测、火情监测、军事领域监测等。

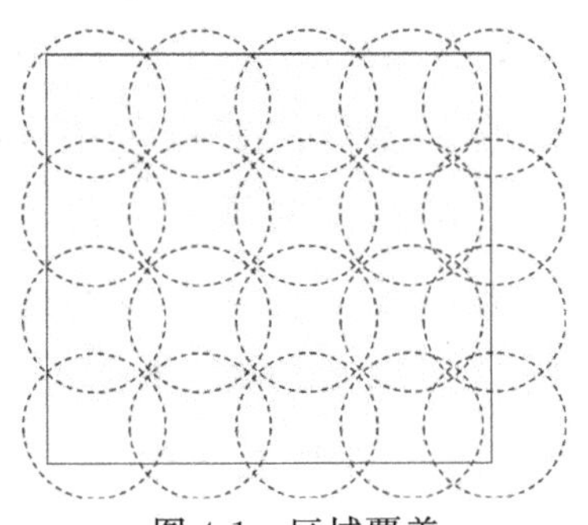

图 4-1　区域覆盖

①基于冗余节点判断的覆盖控制算法。由于传感器节点分布密度高,某个点或某个区域往往同时被多个节点覆盖,称“覆盖冗余”。如果所有节点都工作,导致大量的冗余信息,对网络性能、节点造成信息负担。在保持覆盖性能的前提下,减少能量消耗,延长网络寿命,应让冗余节

点处于低能耗的休眠状态。Tian 等人采用轮换“活跃”和“休眠”节点的 node self-scheduling 覆盖控制协议可以有效延长网络生存时间，该协议同时属于确定性区域/点覆盖和节能覆盖类型；他们设计了一种基于网格划分的活跃工作节点选择算法。该算法用格点作为网络覆盖区域的近似，使用集合覆盖问题和线性规划问题对该问题进行抽象，选择尽可能少的活跃节点来覆盖全部网格点。Wu 在 OGDC 算法的基础上讨论了当节点的感知半径可调时的最优工作节点选择问题。Zhang 等人考虑如何使用最少数量的节点来保持无线传感器网络的原始覆盖质量以及维持网络连通性。该算法的优点包括：保持网络充分的覆盖；能让节点轮换工作，有效控制网络节点冗余；有效延长了网络生存时间；节点轮换机制对位置错误、包丢失以及节点失效具有鲁棒性。该算法缺点包括：需要确定节点的位置信息并要求整个网络同时具有时间同步支持；无法使邻近边界区域的节点休眠，影响了整个网络的生存时间；没有考虑对重点区域的覆盖控制，无法对多重覆盖的节点进行轮换调度；节点轮换机制不适用于不规则的节点感应模型。

②基于多重 k 级覆盖算法。如果被监测区域的每个点至少在 k 个传感器节点的感知范围内，则称该网络具有的覆盖为 k 级覆盖。覆盖等级越高，网络越能获得高的传感精度和强的容错能力，网络也就能够达到更高的监测精度和鲁棒性。Huang 设计了一种判断传感器节点周长覆

盖的算法,用于计算确定的区域是否能被 k 个传感器节点覆盖。该算法首先确定了某个传感器节点的覆盖范围,然后对 n 个传感器节点进行判断计算后获得整个网络的覆盖范围。通过对无线传感器节点是否为 k 级覆盖来判定整个网络是否为 k 级覆盖。Huang 针对二维目标区域是否被无线传感器网络 k 覆盖的决策问题,首次提出了基于边界覆盖的集中式、多项式时间判别算法,进一步提出了判断三维空间是否被 k 覆盖的多项式时间算法。该算法不是根据网格点来确定节点的工作周期,而是根据位于节点覆盖范围内其他邻居节点覆盖边界之间的交点的覆盖状况来确定节点的工作周期。Lu 讨论了概率感知模型下节点调度问题。在概率感知模型下,节点对某点处发生的事件的检测概率随距离衰减。Lu 建立了网络覆盖的概率模型,并形式化描述了某个节点对网络覆盖质量的贡献:节点对网络覆盖质量的贡献越大,则该节点进入睡眠状态的概率越小。每个节点通过获取邻居节点位置信息分布计算自己的贡献值,自主决定进入睡眠状态的概率。

③基于网络连通性的覆盖算法。如果网络中任意两节点可以进行通信,则该网络是连通的,其基本思想仍然是通过减少活跃节点数量,降低系统整体能耗,延长网络生存时间。基于网络连通性的覆盖控制算法的研究目标是保持足够覆盖度前提下,选择最小工作节点数目在位置距离上满足全网通信。文献针对满足不同需求的覆盖度,提出一种网络配置协议(CAN Calibration Pretocol,

CCP)，它动态地配置网络，并将 CCP 和 SPAN 协议相结合来保证网络的覆盖和连通性，设计解决网络连通性的算法，通过选择连通的传感器节点路径来得到最大化的网络覆盖效果。

目标覆盖算法。目标覆盖又称点覆盖，它是指传感器网络对被监测区域中离散的目标点进行数据采集和监测，目标覆盖点同样希望每个目标至少被一个节点覆盖到。目前，点覆盖主要应用在一些比较特殊的工业场合和军事领域中，通常的覆盖方式是在这些区域随机布置大量的传感器节点，以实现对目标区域的大规模覆盖(见图 4-2)。

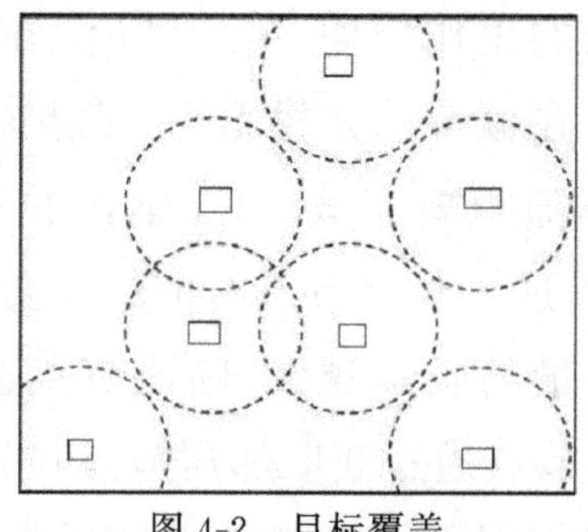

图 4-2　目标覆盖

④基于采样点覆盖算法。将所有的监测区域用网格点代替，由此整个区域覆盖可被近似地看成点覆盖，从而把区域覆盖问题转化为集合覆盖(set covering problem)问题。集合覆盖作为典型的 NP-hard 问题，使用了贪婪算法(依次求出含有未覆盖区域采样点最大的节点)来求解近似最小工作节点集。使用网格作为目标区域的近似，采样点(sampling-points)的个数与目标区域的大小以及网

格尺寸有关。网格尺寸与覆盖精度密切相关，当网格尺寸越大，则采样点的个数 k 越小，相应的预处理时间越短，但网络覆盖性能越差。Yan 提出了一种可以为目标区域不同点提供不同覆盖质量的节点调度算法。网络生存时间被划分为若干等长的时段。在每个时段初期，节点首先随机产生一个位于该时段内的参考时间点。该算法使用离散网格点作为网络覆盖区域的近似，并使用网格点来判断目标区域是否被充分覆盖。对于落在其覆盖范围内的每个网格点，节点根据自身的参考时间点以及该点被邻居节点覆盖的情况决定相对于该网格点的工作周期。

⑤基于离散目标点的能量高效覆盖算法。如果将网络节点划分为若干个互不相交的节点集合，每一个节点集合能够完全覆盖目标点，通过周期性的调度节点集合，使得在任意时刻只有一个节点集合处于活跃工作状态，其他节点集合全部处于睡眠状态，从而有效延长整个网络的生存时间。

如何构造最大数量的无交节点集是一个完全问题，Cardei 为此提出了一种基于混合整数规划的启发式算法。Cardei 对前一问题进行了扩展，不再限制每个节点只能加入一个节点集合，而是允许一个节点同时加入多个节点集合。Cardei 讨论了当节点感知半径可变时的能量高效覆盖问题。Kar 讨论了当网络部署环境安全、可控时，如何使用最少数量的节点并确定节点位置来覆盖 N 个给定的目标点，并且保证这些节点组成的网络是连通的。假设网络同构，每个节点的感知半径相等并且通信半径等于感知半径，Kar 提出了一个基于最小生成树的多项式近似算法。Lu 讨论了如何通过调整节点的感知半径实现能量高效覆盖，同时通过构建虚拟骨干网络保证网络的连通性。Wu 在 Ogdc 算法基础上讨论了当节点的感知半径可变时的最优工作节点选择问题。其基本目标是通过减少网络节点之间的覆盖交叠区域，从而降低系统整体能耗，以延长整个网络的生存时间。Wu 和 Yang 等人分别讨论了当感知半径固定、具有 2 个或者 3 个可变感知半径时网络在区域覆盖上的能耗。只有当感知能耗与感知半径 R 的 4 次方成比例时，可变感知半径才能相对于 All 定感知半径更节省系统能量。考虑到不同的应用要求的覆盖度不同，Wang 提出了一种旨在为网络中不同区域实现不同覆盖等级的覆盖配置协议 CCP。其基本思想仍然是通过减少活跃工作节点数量，降低系统整体能耗，延长网络生存时间。

⑥栅栏覆盖相关算法。栅栏覆盖主要是指运动目标在穿越无线传感器网络时被检测到的概率问题，它反映的是无线传感器网络所能提供的监测能力。运动目标可能以任意路径穿越被监测区域，栅栏覆盖的目标就是要找出具有不同监测质量的路径，如图 4-3 所示。栅栏覆盖一般也存在于战场环境下。在一片节点部署的区域内，目标可能以任何路径穿越这片区域。在军事应用中，栅栏覆盖就

可以用来监测敌军的兵力是否正在穿越某块被监测区域。栅栏覆盖有两方面的内容：一是要求敌方穿越我方区域时不被发现的概率最小；二是我方在穿越敌方区域时不被发现的概率最大。

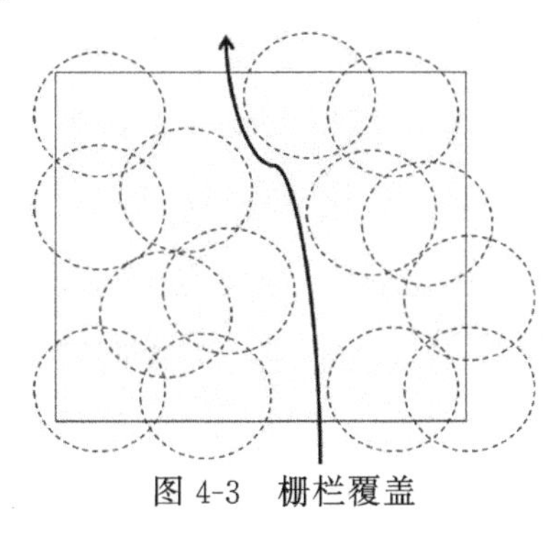

图 4-3　栅栏覆盖

⑦基于最差情形和最好情形的覆盖算法。由于采用概率感知模型，节点的探测能力随距离的增加呈指数衰减，如果存在这样一条路径，其上的每一个点距离最近节点的距离最大，那么目标在一定时间沿这条路径穿越时不被发现的可能性最大，这条路径就称为最大突破路径。Meguerdichian 等人首次提出了无线传感器网络的栅栏覆盖模型，相对于监测方而言，这是最需要避免的情况，称为最坏情形覆盖。相反，如果存在这样一条路径，其上的每一点距离最近节点的距离最小，那么目标在一定时间沿这条路径穿越时被发现的可能性最大，这条路径就称为最大支持路径；相对于监测方，这就是最好情形覆盖。在穿越敌方区域时，应尽量选择最大突破路径（Maximal Breach Path，MBP）和最大支撑路径（Maximal Support Path，MSP）分别

对应最优和最差网络覆盖质量。Meguerdichian 等人还提出了一种基于 VORONOI 划分以及 DELUANAY 三角剖分的集中式算法。MBP 路径必然位于 VORONOI 边上，而 MSP 路径则必然由 DELUANAY 边组成。该算法的优点是：在最佳与最差两种度量条件下，分别得到了临界的网络路径规划结果；指导网络节点的配置来改进网络的整体覆盖性能；适用于网络路径规划、目标观测等节点位置确定或已知的应用场所。该算法的缺点是：采用集中式的计算方式，计算成本较高；需要预先知道各节点的位置信息，限制了算法的应用；没有考虑实际中环境等可能造成的影响，结论不适用于网络中存在节点覆盖能力有差异的情况。Wang 等人提出了基于 VORONOI 图的多重覆盖判别方法和连通 k 覆盖集构造算法。

⑧基于暴露模型的覆盖算法。目标穿越网络时被检测到的概率不但与目标运动路径相关，还与目标在网络中所处的时间相关。目标在网络中所处时间越长，被检测到的概率越大。Meguerdichian 等提出了一种新的基于 exposure 的栅栏覆盖模型，使用概率检测模型，提出了计算最小 exposure 穿越路径的数值近似算法。该算法的优点是，符合目标由于穿越无线传感器网络区域的时间增加而被检测概率增大的实际情况，在实际中能够得到广泛的应用；采用分布式的算法执行方式，不需要预先知道整个网络的节点配置情况，降低了算法的计算成本；根据需要可以选择不同的感应强度模型和网格划分，从而得到

精度不同的暴露路径。该算法的缺点是：暴露精度高，要求运算时间长，降低暴露精度，则减少运算时间；更长的运算时间则会牺牲网络信息的实时性，而较短的运算时间，则会影响网络检测的准确性；该算法没有考虑实际环境以及传感器节点本身运动造成的影响，应用受到了一定限制。

2.典型覆盖控制算法

目前典型的覆盖控制算法有 Node Self-Scheduling 覆盖控制算法、暴露穿越覆盖控制算法、最坏与最佳情况覆盖控制算法三种。

(1) Node Self-Scheduling 覆盖控制算法。该算法属于静态目标覆盖，建立在圆形二进制感知模型的基础上。它设计了专门机制避免出现节点休眠时，网络出现覆盖盲点，在保持网络覆盖的充分性和全面性情况下能有效控制网络节点冗余，使得节点轮换工作，有效地延长了网络生存时间。

该算法需要确定节点位置信息并要求整个网络同时具有时间同步支持，增加了设备成本和实现难度；无法使邻近边界区域的节点休眠，在一定程度上影响了整个网络的生存时间；节点轮换机制只能适用于传感器节点覆盖区域为圆周的情况，不适用于不规则的节点感应模型；没有考虑对重点区域的覆盖控制，无法在网络需要多重覆盖的条件下对节点进行轮换调度。

(2)暴露穿越覆盖控制算法。该算法属于随机覆盖、栅栏覆盖和动态目标覆盖三种类型。暴露覆盖模型更加符合目标由于穿越 WSNs 区域的时间增加而导致被检测概率增大的实际情况,能够得到广泛应用;采用分布式算法执行方式,不需要预先知道整个网络节点配置情况,降低算法的计算成本,根据需要可以选择不同的感应强度模型和网格划分,得到精度不同的暴露路径。

(3)最坏与最佳情况覆盖算法。该算法属于栅栏覆盖的一种,和暴露穿越覆盖类似,最坏与最佳情况覆盖需考虑运动目标通过监测区域时的检测问题。不同的是,最坏与最佳情况覆盖着重从距离和某些特殊路径上考察网络对目标的覆盖情况。

该算法在最佳与最差两种度量条件下,分别得到了临界的网络路径规划结果,可以指导网络节点的配置来改进网络的整体覆盖性能,作为一种特殊的无线传感网络覆盖控制算法,多适用于网络路径规划、目标观测等节点位置的确定或已知的应用场所。

该算法采用集中式的计算方式,计算成本较高,并且需要预先知道各节点的位置信息,限制了算法的应用;没有考虑实际中障碍、环境和噪声等可能造成的影响,结论仅适用于均为同构节点的网络,不适用于网络中存在节点覆盖能力有差异的情况。

3.覆盖算法及其性能评价

覆盖控制策略及算法的应用，一方面有助于网络节点能量的有效控制、感知服务质量的提高和网络生存时间的延长；另一方面也会增加网络相关传输、管理、存储和计算等开销成本。覆盖控制性能评价标准对于分析一个覆盖控制策略及算法的可用性与有效性至关重要。无线传感器网络的传输协议、路由选择机制、节点调度策略等算法的优劣性评判都需要按照一定的标准进行。通过从不同的角度总结覆盖算法所面临的挑战，有助于清晰地比较出各种算法之间的优缺点。

(1)覆盖率。作为衡量传感器网络节点部署的一个指标，覆盖率是 Gage 最先提出来的，在“0-1”感知模型下，它一般定义为所有传感器覆盖的总面积与目标区域总面积的比值。其中节点覆盖的总面积取集合概念中的并集，覆盖率一般小于或等于 1。

(2)连通度。为了将监测到的数据传送到 sink 节点，每个传感器都要能够通过直接或者间接的方式与 sink 节点通信，网络的连通性问题是覆盖控制研究中要同时考虑的一个问题，这里涉及传感器的感应距离和通信距离的问题。Zhang 等人证明了当节点的通信距离至少是感知距离的 2 倍时，网络完全覆盖则一定会连通。在点覆盖进行研究时考虑了一种特殊情形，每个节点的通信距离都足够与 sink 节点直接通信，在这种情况下，不需要考虑节点的连通问题。当部署的节点覆盖了某个目标区域后，如果网络中的任何一点至少被 k 个传感器节点所感知，这样的覆盖就称 k 度覆盖。k 度连通则表示任何一个节点与网络中的另外 k 个节点连通。要实现较高的监测质量，通常要求监测区域被无线传感器网络覆盖，并且网络连通度至少为 1 度连通。在某些场合，网络对连通的要求可能更高，因为局部的覆盖盲区一般不会影响网络整体性能，一般网络至少要求 2 度连通以避免不必要的损失。

(3)网络寿命。由于无线传感器网络以长期监控为目标，尽管单个传感器节点的成本随着微机电制造技术的不断进步而有所下降，在大规模的无线传感网络应用中，传感器节点数量巨大，使用者仍需承担较高的费用。由于传感器节点的电源能量有限且无法大规模更换，使用者极为关注整个网络的运行寿命。如何节约节点有限能量并延长整体网络的生命时间已成为无线传感器网络的重要性能指标。能量有效性是覆盖算法所考虑的重要因素。在网络投运前，人们根据其运行机制预测网络生存寿命，对推广无线传感器网络的应用具有重大的意义。

(4)网络动态性。一些特殊的应用环境，如运动目标监测覆盖、网络动态覆盖等，需要网络的覆盖控制协议与算法考虑节点具有运动能力、网络整体或传感目标运动等网络动态特性，即网络的拓扑结构经常要发生变化。覆盖算法所能实现的网络动态特性也是一项评价标准。

(5)工作节点比例。通过工作节点调度的方式在满足网络感知覆盖需求的同时节约网络的能量消耗是一种被广泛采纳的研究方法。在网络运行期间的任一时刻，工作节点的数量都小于网络中所部署的节点数量。在保持覆盖服务质量不受损的情况下，工作节点数量越小，表明该节点调度算法越有效，网络能量消耗越小，能够极大地延长网络生存寿命。

(6)漏检率。微型化的无线传感器节点在使用过程中常常会由于硬件的故障或者环境的影响而在短期内失效，造成某些目标或局部区域的感知缺失，节点的种种不稳定因素都会使监测不连续。从监控目标的角度，漏检率定义为：由于节点故障而造成的感知缺失时长与网络生存寿命的比值。

(7)算法精确性。由于受实际部署条件差异、网络资源有限和覆盖目标特性等多方面的影响，使得覆盖算法在很多情况下是一个 NP 完全问题，只能达到近似优化覆盖，这势必会造成误差，甚至不能保证算法的有效执行。如何减小误差，提高算法精确性成为优化覆盖算法的一项重要内容。

(8)算法复杂性。无线传感器网络是应用型网络，工作环境不一样，实现方式不同等导致覆盖算法复杂程度差别较大。衡量一个覆盖控制算法是否优化的另一个标准是算法的复杂程度。复杂程度包括时间复杂度、实现复杂度以及通信复杂度等，这些方向需要综合考虑。

(9)网络可扩展性支持。网络的可扩展性需求是无线传感器网络覆盖算法的另一项关键需求。没有网络可扩展性能，网络性能会随着网络规模的增加而显著降低。不同的应用需求，对无线传感器网络的扩展需求不一样。

(10)算法实施策略。无线传感器网络覆盖控制算法的执行分为分布式、集中式以及混合式三种。集中式算法的能量消耗较大、网络性能和算法精度较差，利用本地信息执行的分布式算法在能量消耗和网络性能方面有较好的表现。通常来说，由于无线传感器网络自身的能量消耗、协议操作代价、网络性能和精度等要求，使得利用本地信息执行的分布式算法更为适用。在一些特殊的网络操作环境下，分布式、集中式两种混合执行则更为有效。算法实施策略也是衡量算法性能时需要考察的重要标准之一。

4.覆盖控制的其他问题

除考虑要覆盖所有的目标区域或者目标点以外，根据网络应用环境和设计的要求，在研究覆盖控制问题的同时，经常需要考虑无线传感器网络的建设成本问题和能源控制问题。

(1)网络建设成本问题。在满足覆盖和连通性要求的前提下，尽可能减少所需节点数，使网络建设成本最小。当使用几种有不同性能和不同价格的传感器，在达到覆盖目标的同时，如何计算它们的数量和部署的位置，在达到覆盖目标的同时，获得最少的网络造价，也是一个研究方向。

(2)能源控制问题。为保证监视质量并延长网络生存时间，以及为增强随机网络的可靠性和监测数据的准确性，通常使用大量节点进行高密度部署。考虑到小体积、低成本的传感器节点往往采用电池等易耗尽能源提供能量，冗余数据将会极大地缩短整个网络的生存时间。人们常常关心在保证对目标点或区域监视质量的同时，延长网络生存时间。为了提高随机网络的可靠性和监测数据的准确性，通常使用大量节点进行高密度部署。

由于节点密度高，某个点或某个区域往往同时被多个节点覆盖，称为“覆盖冗余”。如果所有节点都保持工作状态，当某一事件发生时，所有监测到该事件的节点都试图向基站发送数据。这些数据包含了大量的冗余内容，对网络性能、节点能耗都会造成负担。一方面，由于无线传感器网络采用多跳通信方式，这些冗余数据将造成中间转发节点额外的能量消耗；另一方面，大量节点同时发送数据会导致无线传输干扰和介质征用冲突，进一步导致额外能量消耗。为尽可能地减少冗余数据导致的额外能量消耗，延长网络生存时间，需要对随机部署的网络的拓扑进行优化控制，在保持覆盖性能的前提下，减少工作节点数。

针对这一问题，一种解决办法是将高密度部署的节点划分成若干互不相交的节点集合。每个节点集合都能维持目标区域或目标点的原始覆盖质量，通过轮换每个集合的工作时间，在任意时刻只有一个节点集合处于工作状态，从而延长整个网络的生存时间。显然，网络的生存时间与这样的节点集合数成正比。

另一种解决方法是消除或者减少节点的覆盖冗余。如果一个节点的感知区域完全被邻居节点的覆盖区域包含，那么关闭该节点不会导致网络覆盖性能下降。问题的关键是节点如何仅仅依赖局部邻居节点的信息，自主判断是否属于覆盖冗余。为此，需要设计分布式、局部化的冗余覆盖检测算法。

4.2 节点感知模型及节点集覆盖率

1.节点感知模型

传感器节点的感知模型直接决定了其覆盖范围和监测能力。在无线传感器网络研究中，目前主要使用两种感知模型：二元感知模型和概率感知模型。

(1)二元感知模型。在二维平面上，传感器节点的覆盖范围是一个以节点为圆心，半径为 R_s 的圆形区域。该圆形区域称为传感器节点的“感知圆盘”，R_s 称为传感器节点的感知半径，由节点感知单元的物理特性决定。假设节点 S 的坐标为 (x_s, y_s)。在二元感知模型中，对于平面上任意一点 $P(x_p, y_p)$，节点 S 检测到点 P 发生的事件的概率为

$$P_r(s,p)=\begin{cases}1, & \text{如果 } d(s,p)\leqslant R_s \\ 0, & \text{其他}\end{cases} \tag{4-1}$$

其中，$d(s,p)=\sqrt{(x_s{}^2-x_p{}^2)+(y_s{}^2-y_p{}^2)}$ 为点 P 和节点 S 之间的欧氏距离。类似地，在二元感知模型中节点在三维空间中的感知范围是一个以节点为中心，R_s 为半径的球

形区域。

(2)概率感知模型。二元感知模型假定传感器节点对事件的检测是确定的。在实际应用环境中,由于环境噪声干扰以及信号强度随传输距离衰减,传感器节点的检测能力表现出一定的不确定性,概率感知模型反映了这种不确定性。在概率感知模型中,传感器节点 S 检测到任意点 P 处发生的事件的概率为

$$P_{\mathrm{r}}(s,p)=\mathrm{e}^{-ad(s,p)} \tag{4-2}$$

其中,$d(s,p)$为节点 S 与事件发生点 P 之间的欧氏距离,参数 a 表示节点的感知能力以及信号随距离的衰减程度。显然,只有当 $d(s,p)=0$ 时,检测概率 $P_{\mathrm{r}}(s,p)=1$。

Zou对概率检测模型式(4-2)进行了修正:

$$P_{\mathrm{r}}(s,p)=\begin{cases}0 & r+r_{\mathrm{e}}\leqslant d(s,p)\\ \mathrm{e}^{-\lambda_{\alpha}^{\beta}} & r-r_{\mathrm{e}}<d(s,p)<r+r_{\mathrm{e}}\\ 1 & r-r_{\mathrm{e}}\geqslant d(s,p)\end{cases} \tag{4-3}$$

其中,$r_{\mathrm{e}}(r_{\mathrm{e}}<r)$是传感器节点不确定检测能力的一个度量,参数 $\alpha=d(s,p)-(r-r_{\mathrm{e}})$,$\lambda$ 和 β 用于刻画当点 P 与节点 S 之间的距离落在某个范围之内时,节点 S 对在 P 点处发生的事件的检测概率。

2.覆盖率

(1)节点覆盖率。现假定监测区域 A 为二维平面,在该区域上投放参数相同的传感器节点数目为 N,每个节点的坐标均已知,且感知半径均为 r,通信半径均为 R。为了保证网络连通性并兼顾无线干扰,设置通信半径 R 为感知半径 r 的 2 倍,即 $R=2r$。传感器节点集表示为 $C\{c_1, c_2, \cdots, c_N\}$,其中 $c_i=\{x_i, y_i, r\}$表示以节点坐标(x_i, y_i)为圆心,监测半径为 r 的圆。假设监测区域 A 被数字离散化为 $m\times n$ 个像素,像素点坐标为(x, y),则目标像素点与传感器节点的距离为 $d(c_i,p)=\sqrt{(x_i-x)^2+(y_i-y)^2}$,定义像素点被传感器节点所覆盖的事件定义为 r_i,则该事件发生的概率 $P\{r_i\}$ 即为像素点(x,y)被传感器节点 C_i 所覆盖的概率:

$$P_{\mathrm{cov}}(x,y,c_i)=\begin{cases}1,\text{如果}\,d(c_i,p)<r\\0,\text{其他}\end{cases}\tag{4-4}$$

实际应用中,由于监测环境和噪声干扰,传感节点测量模型应呈一定特性的概率分布,即

$$P_{\mathrm{cov}}(x,y,c_i)=\begin{cases}1, & \text{如果}\,d(c_i,p)<r\\ \mathrm{e}^{(-\alpha_1\lambda_1{}^{\beta_1})/\lambda_2{}^{\beta_2}+\alpha_2}, & \text{如果}\,r-r_{\mathrm{e}}<d(c_i,p)<r+r_{\mathrm{e}}\\ 0, & \text{其他}\end{cases}\tag{4-5}$$

其中，$r_e(0<r_e<r)$是传感节点测量可靠性参数，α_1，α_2，β_1，β_2是与传感节点特性有关的测量参数，λ_1和λ_2为输入参数：

$$\lambda_1 = r_e - r + d(c_i, p) \tag{4-6}$$

$$\lambda_2 = r_e + r - d(c_i, p) \tag{4-7}$$

为提高目标测量概率，需采用多个传感节点同时测量目标，联合测量概率如下：

$$P_{cov}(C_{ov}) = 1 - \prod_{C_i \in C_{ov}} [1 - P_{cov}(x, y, c_i)] \tag{4-8}$$

其中，C_{ov}为测量目标的传感节点集合。

(2)区域覆盖率。监测区域A内有$m \times n$个像素，每个像素是否被覆盖用节点集联合测量概率$P_{cov}(C_{ov})$来衡量，本书将节点集C的区域覆盖率$R_{area}(C)$定义为节点集C的覆盖面积与监测区域A的总面积之比，即

$$R_{area}(C) = \frac{\sum P_{cov}(C_{ov})}{m \times n} \tag{4-9}$$

4.3 遗传算法覆盖优化设计

1.网络假设

一般而言，随机抛撒的传感器节点，分布模型一般为

凸多边形，而网络中，距离参数、拓扑网络、信息连通度为不受外界其他参数影响的数值。人为布设的无线传感器网络分布则由具体应用场景决定。

现假设某监测区域 A 为二维平面，在该区域上投放参数相同的传感器节点数目为 N，每个节点的坐标均已知，且感知半径均为 r，通信半径均为 R。为了保证网络连通性并兼顾无线干扰，设置通信半径 R 为感知半径 r 的 2 倍，即 $R = 2r$。传感器节点集表示为 $S\{s_1, s_2, \cdots, s_N\}$，$s_i = \{x_i, y_i, r\}$ 表示以节点坐标 (x_i, y_i) 为圆心，监测半径为 r 的圆。网络中其他假设包括：该区域内的所有传感器节点编号唯一，不存在编号冲突情况；假设所有传感器节点性能一样，所受干扰一致；所布设的传感器节点，位置固定，且在本区域内不能随意移动；每个节点都能够借助定位技术获取自己在网络中的相对位置和在实际中的绝对位置，若断网后，能够自动重新获取唯一确定的位置信息；所有节点对外传输信息都是圆形，即采用全向天线发射信号。

无线传感器网络覆盖优化问题，实际上可以看作组合优化问题，遗传算法在组合优化中有着一定的优越性，能够针对节点冗余提供较好的解决方法。

由于传感器节点自身特点，包括能量有限、通信距离有限、计算能力有限等，使得无线传感器网络中经常出现节点掉线问题，而作为执行任务的网络，必须有足够数量的节点及其带来的传感器信息，才能保证监测目标/监测区域的完整性。假设节点能够自动重新联网，掉线节点以及在线节点可作为节点的不同工作状态，即休眠状态和工作状态。所谓覆盖率就是指工作节点数量与网络总节点数量之比，而覆盖率的高低恰恰表征了网络监测性能。工作节点组成的集合可看作覆盖集，覆盖集的优化就是从所有可能性中选择一组最优的覆盖集进行工作，并在最小覆盖情况下保障网络正常工作。

2.适应度及遗传操作

前文已经假设通信半径与感知半径之间存在两倍关系，在覆盖集选取可以充分覆盖的前提下可以忽略连通性能，这样，无线传感器网络覆盖问题就集中在覆盖率上。定义子集 $S_1 \subset S$ ，这里 S 代表传感器节点集合，S_1 代表工作节点集合，则覆盖率为

$$P_{\mathrm{cov}}(S_1)_{\max} = \sum_{i=1}^{m} \sum_{j=1}^{n} C(S)/(m \times n) \qquad (4\text{-}10)$$

式中，m，n 分别代表工作节点数和休眠节点数。

适应度函数也称评价函数，是根据目标函数确定的用于区分群体中个体好坏的标准，适应度函数总是非负的。在遗传算法的不同阶段，需要对个体的适应度进行适当的扩大或缩小。而适应度值代表了生物学物种的生存能力，这里采用线性变换方案，即对式(4-10)进行线性扩充，但事实上线性变化改变不了公式的特性，式(4-10)可以作为适应度函数。

根据覆盖研究中节点的可能状态，看采用普通二进制编码方式并用字符串表达，即 $a=(a_1,a_2,\cdots,a_N)$ ，当传感器节点处理工作状态时，则取值为 1，反之为 0，即

$$a_i=\begin{cases}1,\text{工作}\\0,\text{休眠}\end{cases} \tag{4-11}$$

若在某监测区域内布置了 30 个无线传感节点，其中工作节点数目为 20 个，则可以用二进制串表达，如 1110 1011 1010 0111 1101 1011 0100 11，从而实现了节点到编码过程。

选择操作是在编码之后，主要目的是提高计算效率，淘汰不适当节点。操作方法可以采用轮盘赌，则个体选中的概率为

$$P_i = \frac{f_i}{\sum_{i=1}^{N} f_i}, i = 1, 2, \cdots, N \tag{4-12}$$

交叉操作是将父代两个染色体交换组合，并将较为优秀的基因特性遗传给子代，形成更优秀的个体，有效的交叉算子可以使得种群运算速度加快，尽管交叉算子包括单点交叉、两点交叉、均匀交叉、多点交叉、算术交叉等，算子本身多少只是改变进化速度，本方案选择均匀交叉。

交叉操作完成后，一般是采用变异操作，变异操作可以迫使算法开发新的运行区域，避免过快局部收敛，而变异方法有基本位变异、均匀变异、边界变异、非均匀变异和高斯变异等，本方案选择基本位变异方式。

遗传算法经过多次迭代，最终需要一个终止条件。一般而言，迭代次数常常会被用作终止条件，有时候也会采用运算结果作为终止条件。

3.算法仿真

取目标区域为 $20 \times 20(m^2)$，$N=20$，取适应度函数为主要目标，采用 Matlab 环境，仿真无线传感网络覆盖优化如图 4-4 所示。

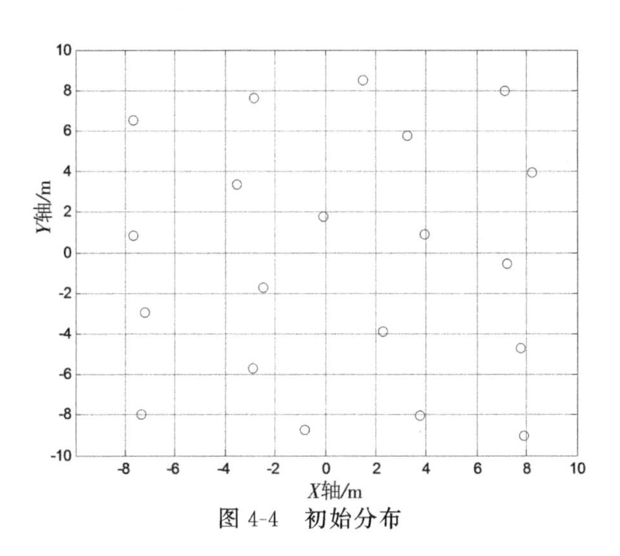

图 4-4　初始分布

经过一定的迭代后,节点基本按照均匀分布,该结果是比较符合一般场合布局的。

从图 4-5 中可以看出,迭代次数越多,覆盖率越高;迭代次数越少,覆盖率越低;表明算法受迭代次数影响较大。

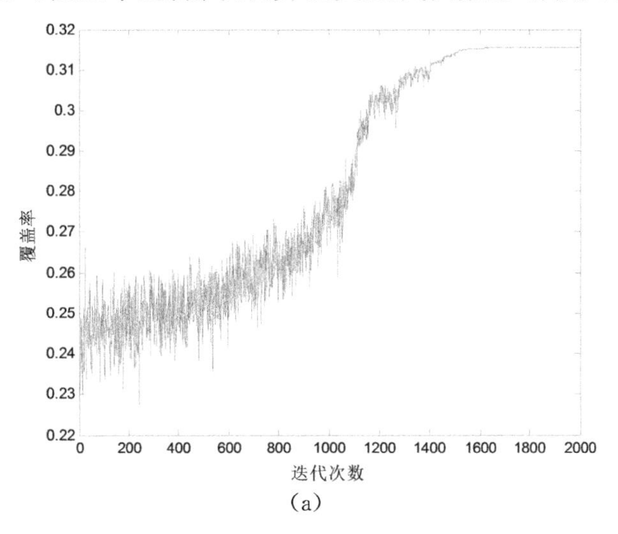

(a)

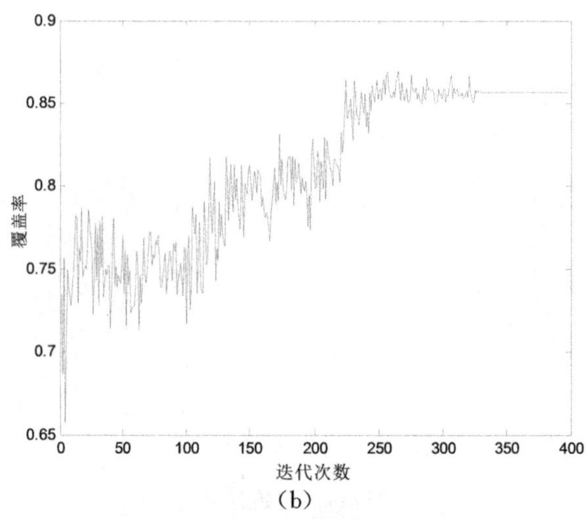

(b)

图 4-5　迭代次数与覆盖率

(a)迭代次数多　(b)迭代次数少

从图 4-6 可见,半径过小,覆盖率与半径平方呈线性关系,当半径较大,覆盖率较高,但也出现了重复覆盖情况。

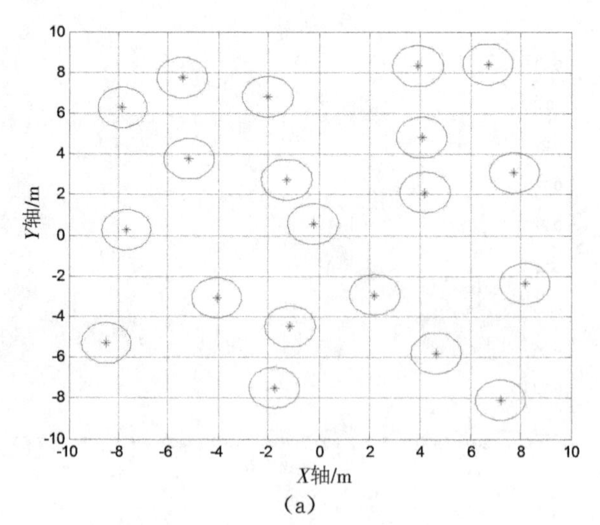

(a)

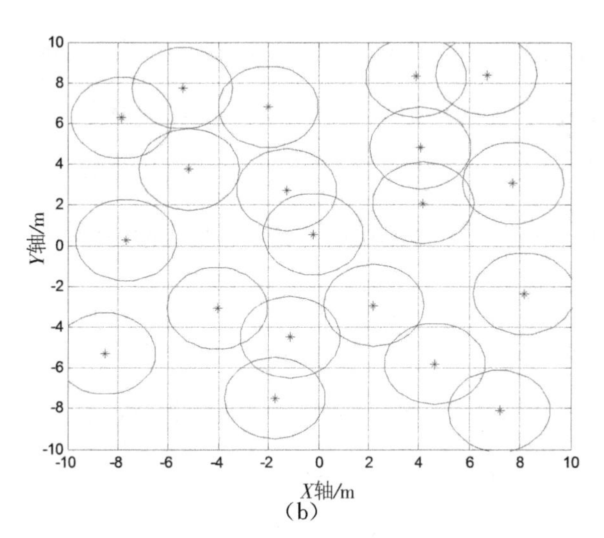

(b)

图 4-6　不同半径覆盖情况

(a)通信半径小　(b)通信半径大

参考文献

[1]蒋杰,方力,张鹤颖,等.无线传感器网络最小连通覆盖集问题求解算法[J].软件学报,2006(17).

[2]Mark Hewish. Little Brother is Watching You: Unattended Ground Sensors[J]. Defense Review, 2001(34).

[3]HEWISH M. It's Time For Sensors to Go Wireless Sensors Magazine[M]. Sensor,1999.

[4]Kahn J M, Katz R H, Pister K S J. Next Century Challenges: Mobile Networking for "Smart Dust"[J]. Computing and Networking,1999(271—278).

[5]Ren F Y, Huang H N, Lin C. Wireless Sensor Networks[J]. Journal of Software,2003(14).

[6]Cardei M, Du D Z. Improving Wireless Sensor Network Lifetime Through Power Aware Organization [J]. ACM Wireless Networks,2005(11).

[7]Meguerdichian S, Koushanfar F, Potkonjak M, et al. Worst and Best Case Coverage in Sensor Networks [J]. IEEE Trans on Mobile Computing, 2005(4).

[8]Tian D, Georganas N D. A Node Scheduling Scheme For Energy Conservation in Large Wireless Sensor Networks [J]. Wireless Communications and Mobile Computing,2003(3).

[9]王成,樊建席,王仁喜,等.基于 VORONOI 图的无线传感器网络 k 覆盖算法[J].计算机工程,2012(38).

[10]Chakrabarty K, Iyengar S S, Qi H, et al. Grid Coverage for Surveillance and Target Location in Distributed Sensor Networks[J]. IEEE Transactions on Computers, 2003(51).

[11]Zhang H, Hou J C. Maintaining Sensing Coverage and Connectivity in Large Sensor Networks[J]. Ad Hoc & Sensor Wireless Networks,2005(1).

[12]Zou Y，Chakrabarty K. Sensor Deployment and Target Localization in Distributed Sensor Networks[J]. ACM Transactions on Embedded Computing Systems，2004(3).

[13]党小超，蒲世强，郝占军.一种三维无线传感器网络节点调度算法[J].计算机工程与应用，2016(52).

[14]Wang X，Jiang A，Wang S. Mobile Agent Based Wireless Sensor Network for Intelligent Maintenance[J]. Lecture Notes in Computer Science，2005(3645).

[15]Heo N. Distributed Deployment Algorithms for Mobile Wireless Sensor Networks[D]. New York：Syracuse University，2004.

[16]Wang X，Wang S，Ma J. Dynamic Deployment Optimization in Wireless Sensor Network[J]. Lecture Notes in Control and Information Science，2006(344).

第5章　分层控制及其应用

5.1　质心算法

1.概述

质心是指在物质系统中质量集中于一个假想点上。与重心不同,质心不一定必须在有重力场的系统中才有意义。由牛顿运动定律和质点系的动量定理可知:质心的运动必然和一个位于质心的质点运动相同,该质点上的作用力等于作用于质点系的所有外力平移到这一点的矢量和。这表明质心非均匀分布时,或当质心与几何中心不一致时,所产生的矢量必将与质心的运动方向不同。

一般来说,质心通常定义为一个多边形的几何中心,当多边形比较简单时,多边形的质心就是其几何中心;当多边形形状比较复杂时,计算过程也非常复杂。在无线传感器网络中，大部分节点都是随机抛撒，节点分布跟抛撒方式、位置、环境等都有关系。大部分地表环境中，无线传感器网络节点处于二维分布体系；而在监测空间中，无线传感器网络节点必然处于三维分布体系，如粮仓监测、海洋环境监测、地下矿井监控、蔬菜大棚监测等。本节质心算法仅仅讨论二维状况，而凹多边形分布情况，本节不做讨论。

对于以随机抛撒形式分布的无线传感器节点而言，一般有如下分布：均匀分布——这种情况比较理想，属于少见的模型；高斯分布——这个情况较多，符合实际情况。从现有的文献和研究结果来看，节点分布主要是以凸多边形形式出现，节点分布形成多边形的形状在文献中采用了虚拟力的研究，推导了不可能出现凹多边形这种分布形式。由于无线传感器网络节点构建成网络主要是自组织方式为主；节点自身必须是一个小型的操作系统，硬件本身必须能够保证操作系统和通信的正常运转。

南加州大学的 Nirupama Bulusu 等人提出了一种仅基于网络节点连通性的定位算法，该算法的核心思想是：信标节点每隔一段时间，向邻居节点广播一个信标信号，信号中包含自身 ID 和位置信息。当未知节点接收到来自不同信标节点的信标信号数量超过某一个预设门限或接收一定时间后，该节点就确定自身位置为这些信标节点所组成的多边形的质心。

2.理想状态下质心坐标

当未知节点得到一定数量的与其相连通的信标节点的位置信息后，就可以根据这些信标节点所组成的多边形的顶点坐标来计算自身的位置。几何模型如图 5-1 所示，假设凸多边形 $ABCDE$ 的顶点坐标依次为 (x_1, y_1) 、(x_2, y_2) 、(x_3, y_3) 、(x_4, y_4) 、(x_5, y_5) ，未知节点质心 P 的坐标为 (x, y) 。

对于凸多边形 $ABCDE$[见图 5-1(a)]，首先连接 AC、AD，使得多边形划分成三个三角形[见图 5-1(b)]，即 $\triangle ABC$ 、$\triangle ACD$ 和 $\triangle ADE$ ，分别求解 $\triangle ABC$ 、$\triangle ACD$ 和 $\triangle ADE$ 的中心 O_1，O_2，O_3 的坐标，最后再对 $\triangle O_1O_2O_3$ 求解其几何中心 P 的坐标，即为所求。

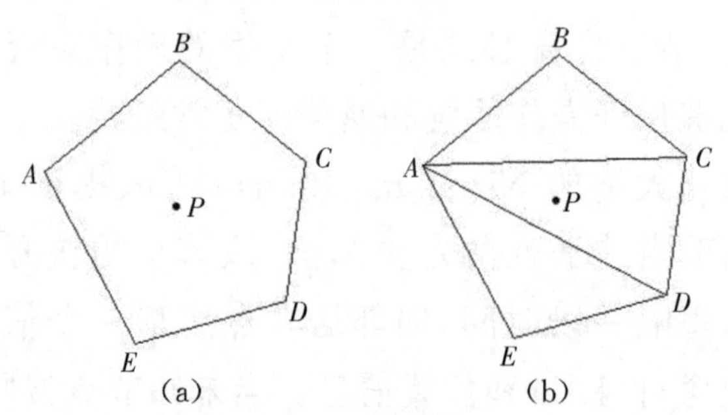

图 5-1　几何模型

(a)凸多边形 $ABCDE$　(b)多边形划分为不交叉三角形

证明：$\triangle ABC$ 如图 5-2 所示，中心 O_1 的坐标为 (x_{O_1}, y_{O_1}) ，分别设 AB、BC、CA 的中点为 F、G、H，坐标

分别为 (x_F, y_F) 、(x_G, y_G) 、(x_H, y_H) ,则

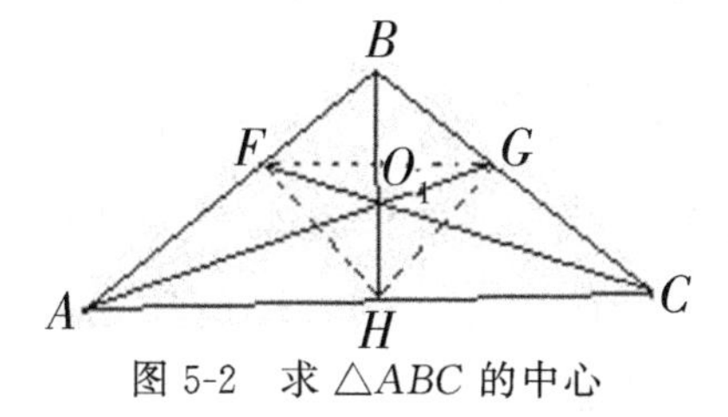

图 5-2 求△ABC 的中心

$$\begin{cases} x_F = \dfrac{x_1 + x_2}{2} \\ y_F = \dfrac{y_1 + y_2}{2} \end{cases}, \begin{cases} x_G = \dfrac{x_3 + x_2}{2} \\ y_G = \dfrac{y_3 + y_2}{2} \end{cases}, \begin{cases} x_H = \dfrac{x_1 + x_3}{2} \\ y_H = \dfrac{y_1 + y_3}{2} \end{cases} \tag{5-1}$$

中心 O_1 可看作为直线 AG 与 BH 的交点,按解析几何知识,分别列出直线 AG 与 BH 的方程:

$$\begin{cases} y_{O_1} = y_1 + x_{O_1} \cdot \dfrac{y_1 - (y_2 + y_3)/2}{x_1 - (x_2 + x_3)/2} \\ y_{O_1} = y_2 + x_{O_1} \cdot \dfrac{y_2 - (y_3 + y_1)/2}{x_2 - (x_3 + x_1)/2} \end{cases} \tag{5-2}$$

通过线性方程组或者代数方法可以求得中心 O_1 的坐标为

$$\left(\frac{x_1 + x_2 + x_3}{2}, \frac{y_1 + y_2 + y_3}{2}\right) \tag{5-3}$$

按照△ABC 求解中心的方法,同理可以求解中点构成的△FGH 的中心坐标 O_1 为

$$\left(\frac{\dfrac{x_1 + x_2}{2} + \dfrac{x_3 + x_1}{2} + \dfrac{x_2 + x_3}{2}}{2}, \frac{\dfrac{y_1 + y_2}{2} + \dfrac{y_3 + y_1}{2} + \dfrac{y_2 + y_3}{2}}{2}\right)$$

$$=\left(\frac{x_1+x_2+x_3}{2},\frac{y_1+y_2+y_3}{2}\right) \tag{5-4}$$

由公式知，$\triangle FGH$ 的中心 O_1 与 $\triangle ABC$ 的中心 O_1 为同一点。同理可得，对于凸多边形 $ABCDE$ 的中心 P，就是 $\triangle ABC$ 、$\triangle ACD$ 和 $\triangle ADE$ 的中心 O_1,O_2,O_3 组成的 $\triangle O_1O_2O_3$ 的中心。

O_2,O_3 的中心坐标分别为

$$\begin{aligned}&\left(\frac{x_1+x_3+x_4}{2},\frac{y_1+y_3+y_4}{2}\right),\\&\left(\frac{x_1+x_4+x_5}{2},\frac{y_1+y_4+y_5}{2}\right)\end{aligned} \tag{5-5}$$

则凸多边形 $ABCDE$ 的质心节点 P 的坐标，可用公式表示为

$$\begin{cases}x=\dfrac{x_1+x_2+x_3+x_4+x_5}{5}\\ y=\dfrac{y_1+y_2+y_3+y_4+y_5}{5}\end{cases} \tag{5-6}$$

若与未知节点通信的信标节点有 k 个，此 k 个节点坐标分别表示为

$$(x_1,y_1),\cdots,(x_k,y_k)$$

可知此时质心的坐标为

$$\begin{cases}x=\dfrac{x_1+x_2+\cdots+x_k}{k}\\ y=\dfrac{y_1+y_2+\cdots+y_k}{k}\end{cases} \tag{5-7}$$

即质心定位算法中，未知节点坐标值是以信标节点为凸多边形各个顶点坐标的平均值。

节点布置完成后，信标节点按自组织方式构建成网络，未知节点的定位按质心算法思想计算自身位置。未知节点自定位的流程，如图 5-3 所示。

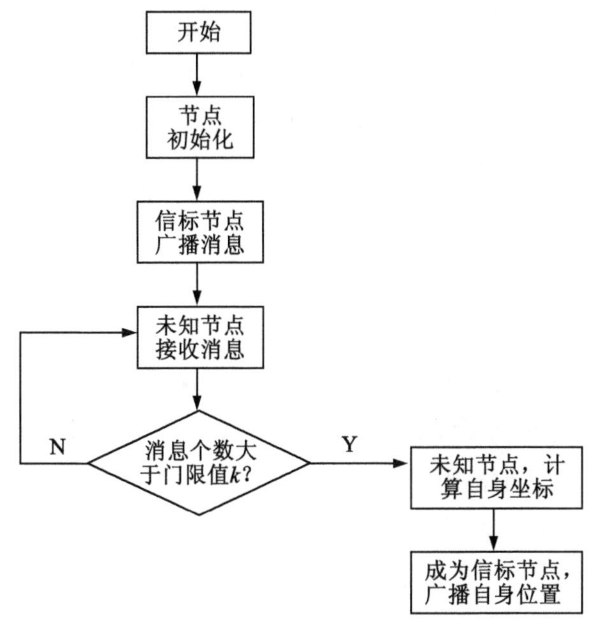

图 5-3　质心算法下求节点自定位流程

由质心定位算法思想出发，对于信标节点构建拓扑网络以及未知节点定位的整体流程如下：传感器节点布置后，节点首先初始化，信标节点获取自身位置的初始位置信息；信标节点定时向周围节点广播自身，发布自身的标识号、位置坐标；邻居节点中的信标节点，接收到广播消息，相互通信、交换各自信息，并形成一种握手协议；当邻居节点中的信标节点相互之间通信越来越多时(至少为三个),按照虚拟力的形式,构建成一个新的拓扑组织网络,在网络内部的各个信标节点通过协议形式,相互通信,同时,继续向外广播;未知节点能够接收到多个信标节点的信息,根据这些信息,通过自身内部的算法程序(节点自身的程序可以通过操作系统或硬件实现,获取时间信息、跳变数信息或距离信息)计算出自身坐标;未知节点完成自身具体位置和标识号计算后,由未知节点变成已知节点,加入拓扑网络,并向周围广播消息。

3.改进质心算法

质心算法完全基于网络的连通性,无须信标节点和未知节点之间的协调,具有算法简单、易于实现、计算量小、实现速度快、网络开销少等突出优点。但质心算法也存在一些缺点:算法对信标节点的密度和分布要求高,密度越大,分布越均匀,精度越高;在定位精度方面,仅能实现粗粒度定位;质心算法没有反映出信标节点对节点位置的影响力的大小,影响了定位精度;质心算法本身是基于假设各节点都拥有理想的球型无线信号传播模型,信道里由于高斯噪声的影响,以及周围环境参数的破坏,使得实际无线传播模型并非如此。

关于质心算法的改进方法和改进模型早已提出。

(1)加权质心定位算法。质心算法中,求解未知节点的方法是对所有参与通信的信标节点的坐标求代数平均值。所谓加权质心定位算法,是指利用加权因子体现各信标节点对质心位置的影响程度,反映它们之间的内在关系,即根据待定位节点到信标节点之间的距离确定权值:距离越近,权值越大;距离越远,权值越小。其具体实现过程:假设待定位未知节点到 k 个信标节点的距离依次为 $d_1,d_2,\cdots,d_k$ 各信标节点的坐标分别为 (x_1,y_1),(x_2,y_2),$\cdots$,(x_k,y_k) ,用 w_i 表示第 i 个节点对未知节点的权值,对应的权值表示为

$$w_i=\frac{1/h_i}{\sum_{j=1}^{k}\frac{1}{h_j}} \tag{5-8}$$

可求得未知节点的坐标为

$$(x=\sum_{i=1}^{k}w_ix_i,y=\sum_{i=1}^{k}w_iy_i) \tag{5-9}$$

加权质心定位算法,通过加权因子来体现信标节点对质心坐标决定权的大小,使距离待定位节点越近的信标节点对其坐标位置的影响力越大。通过这种内在关系的反映来达到提高定位精度的目的。

(2)HEAP 算法。HEAP 算法使用了标杆点安放技术,由于在某些算法定位计算过程中存在着累计误差,用标杆代替累计误差最大的节点。标杆节点安放技术:均匀标杆安放和密集标杆安放,即提高质心定位的精确程度。不均匀安放不能保证视线无遮挡,密集安放则会使得成本和耗能大幅度增加,需要对安放进行优化。有三个优化方法选择位置:一是随机选择;二是最大法,将网络覆盖区域分成小方块,对每个方块的角计算定位误差,把标杆加于

定位误差最大的点；三是网格法，计算每个网格的累积定位误差，把标杆加到累积定位误差最大的网格的中心。

HEAP算法组合了最大法和网格法。它采用STROBE技术，调节标杆密度。目标是减少能耗、延长寿命、均匀粒度。当用高密度标杆时，只激活部分标杆，减少标杆工作周期，且维持粒度。STROBE技术中，节点在三个自解释状态：BEACON-ONLY、LISTEN AND BEACON、SLEEP。当链接进入预定的阈值，节点以概率转为SLEEP状态或BO状态。

4.改进模型

质心算法完全基于网络的连通性，受分布密度、分布模型、信号传输模型等影响，使得定位误差较大，从数学角度来说，质心坐标仅仅依赖于信标节点的坐标，没有受到其他条件的约束，以信标节点与未知节点之间的距离作为约束，以提高定位精度。

假设该未知节点 p 与其通信的各信标节点间的距离分别为 $d_1, d_2, d_3, \cdots, d_n$，按照解析几何原理建立信标节点与未知节点 p 间的距离方程组，其中，未知节点的坐标为估算坐标 $p(x_{\text{est}}, y_{\text{est}})$，具体如下：

$$\begin{cases} \sqrt{(x_1 - x_{\text{est}})^2 + (y_1 - y_{\text{est}})^2} = d_1 \\ \cdots \\ \sqrt{(x_n - x_{\text{est}})^2 + (y_n - y_{\text{est}})^2} = d_n \end{cases} \tag{5-10}$$

极大似然估计法采用对上式各等式相减，变形并采用矩阵形式，进而通过线性方程求出未知节点坐标。将信标

节点的坐标 $(x_1, y_1), (x_2, y_2), \cdots, (x_n, y_n)$ 看成 $X_1, X_2, \cdots, X_n$ 的样本值，样本函数 $P\{X = X_i\} = p[(x_i, y_i), \theta]$，其中 $(x_i, y_i) \in D, \theta \in D$；$D$ 代表所设定的区域取值范围，传感器网络节点在相互之间通信过程中，受噪声干扰影响，节点分布密度，节点间距离测量误差以及节点自身计算能力不足引起的计算误差等，将使得式(5-11)不会全部成立，假设各信标节点与未知节点 p 之间的测距误差分别为 $\delta_1, \delta_2, \cdots, \delta_n$，则

$$d_i = \sqrt{(x_i - x_{\text{est}})^2 + (y_i - y_{\text{est}})^2} + \delta_i; i = 1, 2, \cdots, n \tag{5-11}$$

极大似然估计法对目标函数取极大值，令 $\theta_i = 1/\delta_i$，式(5-11)以未知节点和信标节点间的距离作为约束力，制约了未知节点坐标的范围，若传感器节点处于理想状况之下，则式(5-10)左边的各误差值 $\delta_1, \delta_2, \cdots, \delta_n$ 都应为 0，故各误差值之和越小越趋向于理想状态，即 $\min\delta(\delta_1, \delta_2, \cdots, \delta_n) = \sum_{i=1}^{n} |\delta_i|$，对极大似然函数而言，即取 θ 函数的最大值，未知节点要测算自身的最佳位置可以转换成寻找该模型中误差值和的最小值，误差值的平均值可以对未知节点的质心坐标进行修正，具体为

$$(x_{\text{est}}, y_{\text{est}}) = \left(x_{\text{cen}} + \frac{1}{n}\min\delta, y_{\text{cen}} + \frac{1}{n}\min\delta\right) \tag{5-12}$$

$$L(X_1, X_2, \cdots, X_n; \hat{\theta}) = \max_{\theta \in D} L(X_1, X_2, \cdots, X_n; \theta) \tag{5-13}$$

其中 $\hat{\theta}(X_1, X_2, \cdots, X_n)$ 是 θ 的目标函数最大值，$(x_{\text{est}}, y_{\text{est}})$ 是未知节点的估算坐标，$(x_{\text{cen}}, y_{\text{cen}})$ 为质心坐标，求

解极值函数，只要令 $\frac{\partial L}{\partial \theta_i}=0$，再求解相应的方程即能得出最佳解，而该公式中的未知参量可通过求解极大似然函数的最优解转换后得出。

假设信标节点和未知节点可以分开进行布撒，首先将信标节点进行均匀分布，在 100×100 单位面积中，均匀布撒 100 个信标节点，信标节点通过 GPS 或者向周围发布自身信息等方式构建成网络，此时各信标节点都已经获知自身各种信息，然后再将未知节点随机布撒，设通信半径为 R。

算法设计如下：

(1)在 100×100 单位中，按均匀分布方式布置 100 个节点，作为信标节点，各信标节点都已知道自身信息。

(2)在该区域内，随机布撒若干节点，即为未知节点；各未知节点向周围发送信息，搜索自身通信范围内的信标节点。

(3)测算该未知节点与信标节点的距离。

(4)每个未知节点按式(5-10)计算出与其通信的信标节点的质心坐标；质心坐标作为该未知节点的初次估算位置。

在图中标出该未知节点对应的质心坐标，并将质心与该未知节点用线画出。

按照式(5-13)计算出极大似然值，若是最大值则输出，若不是则返回(3)，继续寻求，直到满足要求。

5.仿真结果及分析

如图 5-4 所示，通信半径分别取 50 单位和 30 单位，信标节点取均匀分布100个,未知节点分别取50个,20个。图中"•"表示信标节点,各坐标取值范围是 $0 \leqslant x \leqslant 100$; $0 \leqslant y \leqslant 100$;"*"表示未知节点,"○"表示质心坐标位置,短线表示某未知节点通信范围内的信标节点的质心与该未知节点的连线。采用主频为3G的计算机在matlab 7.0.1环境下进行仿真。

一般来说,在节点定位中,考虑算法自身要求,假设在本区域内已知节点为均匀分布,未知节点随机分布。取已知节点数目为100,未知节点数目为20,节点初始分布如图5-4所示。图5-5、图5-7、图5-9表示未知节点与其所对应的质心点;图5-6、图5-8、图5-10表示各未知节点的测量误差值分布。图5-11表示信标节点与误差值的变化关系。

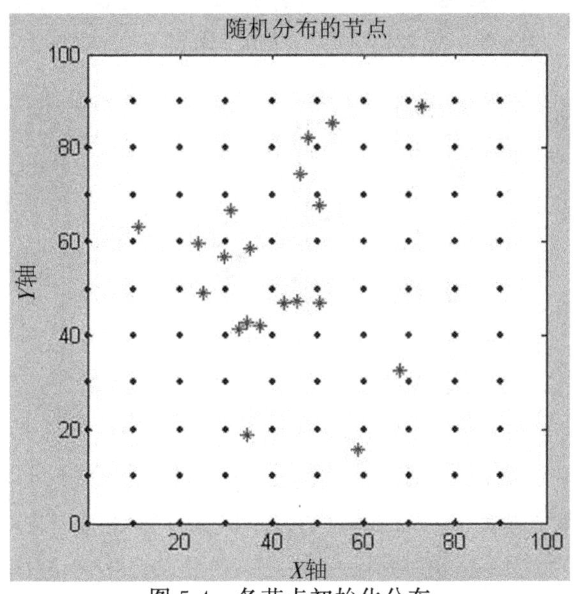

图5-4 各节点初始化分布

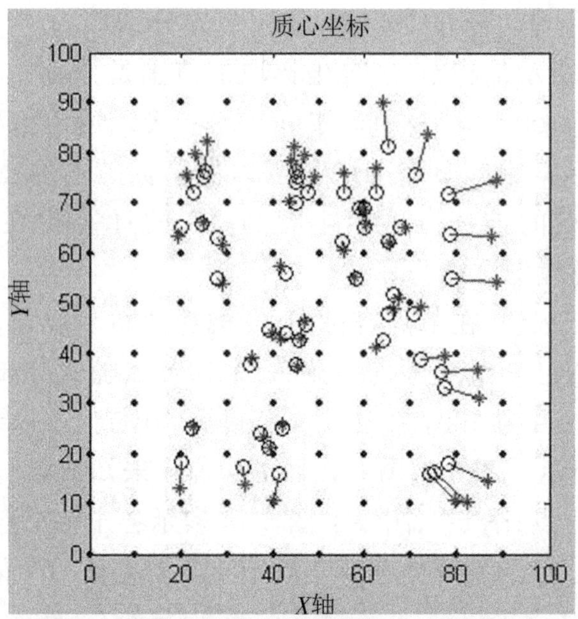

图 5-5　50 个未知节点,通信半径 30 时节点分布

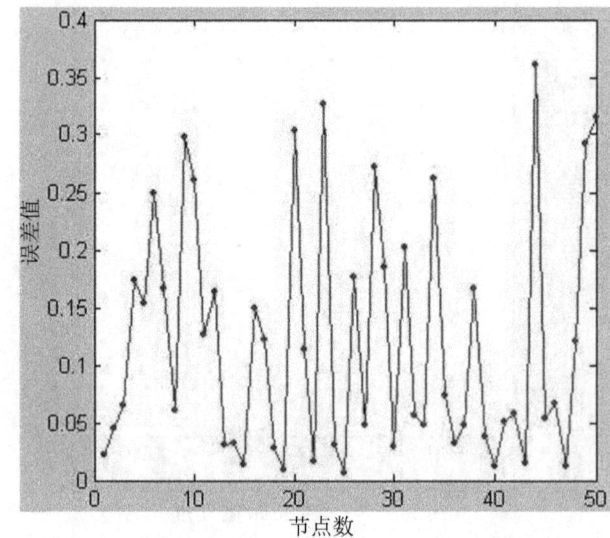

图 5-6　50 个未知节点,通信半径 30 时误差分布

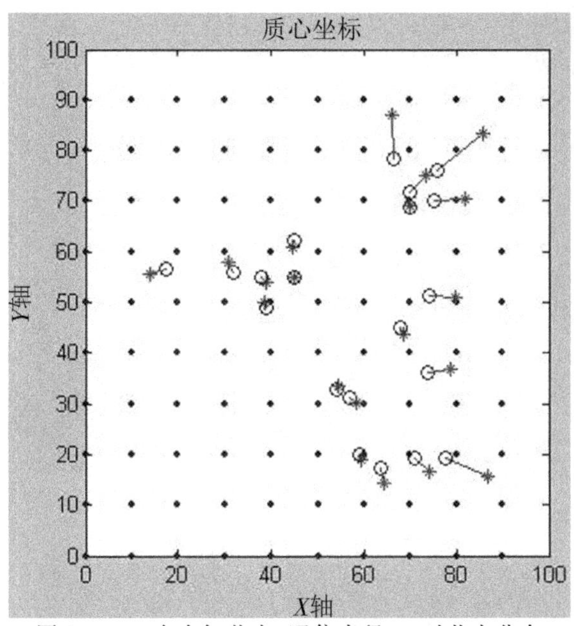

图 5-7　20 个未知节点,通信半径 30 时节点分布

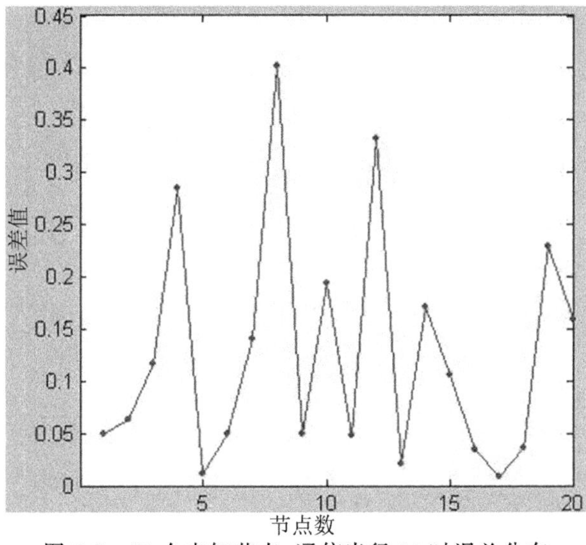

图 5-8　20 个未知节点,通信半径 30 时误差分布

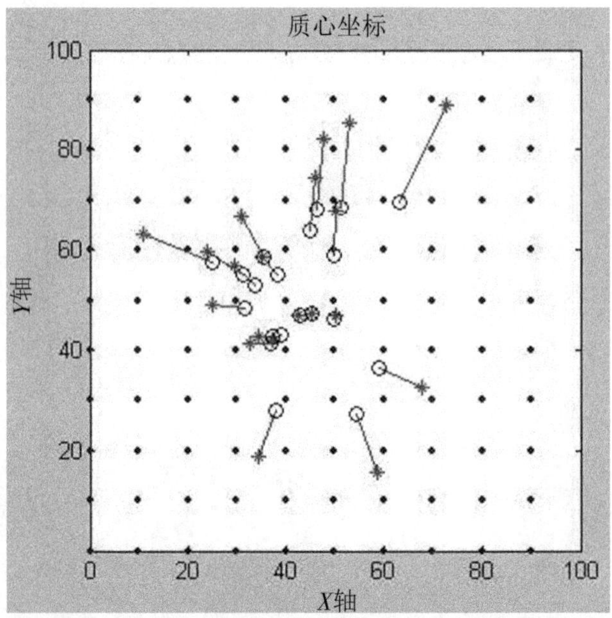

图 5-9　20 个未知节点，通信半径 50 时节点分布

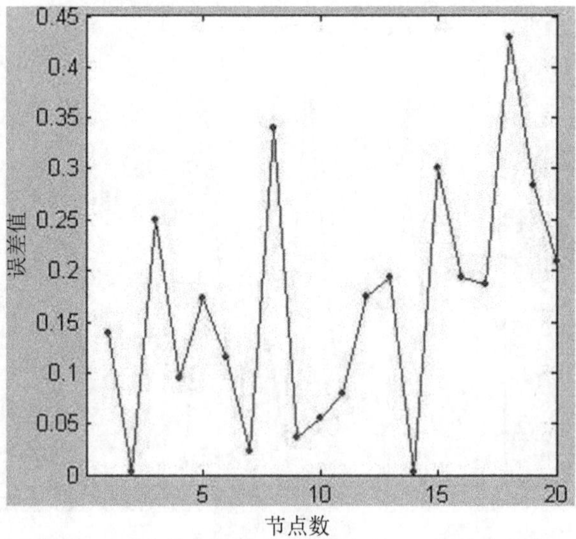

图 5-10　20 个未知节点，通信半径 50 时误差分布

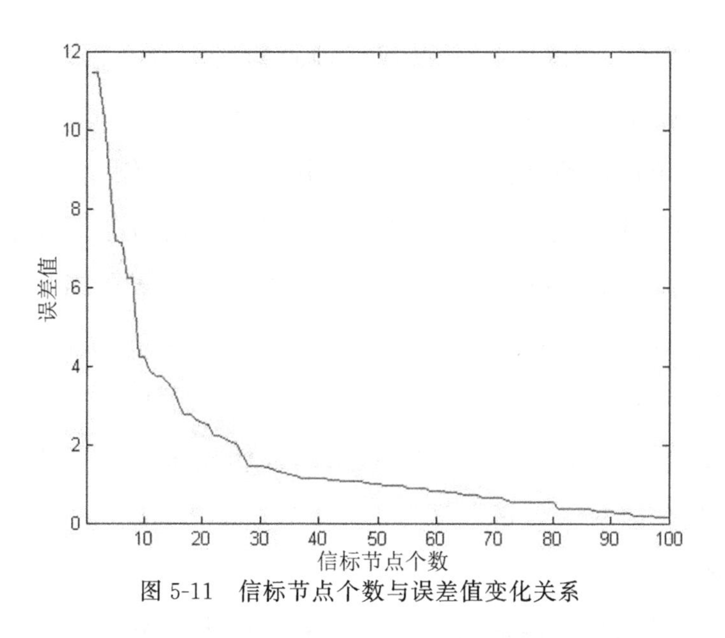

图 5-11　信标节点个数与误差值变化关系

从图 5-5 到图 5-10 可以观察出，未知节点分布是非均匀分布，误差值跟节点数目有关；数目越大，误差越小；由于信标节点已经处于均匀分布状态，未知节点的数目也能对定位产生较大影响。考虑到实际情况，信标节点在完成部署以后，不间断地向周围传播自身信息，当其中有些未知节点在经过算法迭代完成自身定位后，也加入不间断传播自己位置信息的行列，而这些未知节点自身的位置信息本身精度就不高，误差经过不断地迭代叠加，从而使得整体定位精度不够高。

从图 5-7 和图 5-9 可以看出质心坐标趋向中心分布，图 5-7 的通信半径为 30 单位，而图 5-9 为 50 单位，表明通信半径越大，质心坐标越向中心分布，此时误差值也越大；

对比图 5-5 和图 5-7，可以观察相同的通信半径下，节点数目越大，对应的误差值越小。在无线传感器网络实际状况中，给定信标节点的位置是均匀分布，且密度较高，当通信半径扩大时，表明某个未知节点周围与其通信的信标节点在增加，均匀分布的信标节点的质心位置一定会趋向于整个坐标中心位置，而对应的未知节点却可能分布在边缘，这样使得误差值明显偏大，如图 5-9 所示。从图 5-11 可以观察到信标节点与误差值的关系，表明在未知节点数目一定、通信半径一定的情况下，信标节点越多，所产生的误差值越小。

结果表明，在信标节点均匀分布而未知节点随机分布的传感器网络中，节点的通信半径越大，误差越大，定位精度越低；信标节点的数目越多，误差越小，定位精度越高；当信标节点数目一定时，未知节点越多，误差越大，定位精度越低。

5.2 分层控制

1.基本概念

在控制理论上，分层控制是一种把集中控制和分散控制结合起来的控制方式;在管理学中,是指将管理组织分为不同的层级,各个层级在服从整体目标的基础上,相对独立地开展控制活动。在计算组播拥塞控制中,分层思想是将视频编码的时候分为两个层次或级别:基本层和增强层。基本层是指有一个层次最基本的满足视频质量的最低要求的数据,其他的层都是增强层。而最出名的是马斯洛需求分层理论,马斯洛把人的需要划分为五个层次:生理的需要,安全的需要,社会上的需要,尊重的需要,自我实现的需要。

维基百科没有专门分层控制理论,但对分层控制系统有如下阐述:

A hierarchical control system is a form of control system in which a set of devices and governing software is arranged in a hierarchical tree. When the links in the tree are implemented by a computer network, then that hierarchical control system is also a form of networked control system.

分层控制系统是将设备和控制软件布置在分层树中。这意味着,分层控制属于网络控制中的一环。

所谓分层控制,本章采用控制理论相关概念,即所谓分级控制又称等级控制或分层控制,是指将系统的控制中心分解成多层次、分等级的体系,一般呈宝塔形,同系统的管理层次相呼应。分级控制的特点是综合了集中控制和分散控制的优点，其控制指令由上往下越来越详细，反馈信息由下往上越来越精炼，各层次的监控机构有隶属关系，它们职责分明、分工明确。

分层控制的基本思想是在不同的误差范围内采用不同的控制器，以达到在不同条件下的不同控制，使控制系统达到理想的效果。按控制反馈时间结构的不同，控制可以分为三类：后馈控制、前馈控制和即时控制。

所谓后馈控制是过去导向的，控制作用发生于行动之后，属于一种亡羊补牢的控制。这类控制中，管理者在获得信息时行为结果已成事实，需要对其做出评价并决定是否采取行动以改正或调整未来可能出现的同类行动。如对超速驾驶车辆的司机给予罚款，就是一种后馈控制。后馈控制是一种传统的并且是最常用的控制类型，控制时间滞后是其重要特征，控制目的在于为下一循环的工作积累经验。

而前馈控制是未来导向的，控制作用发生在行动之前，故又称未来定向控制。在实际工作开始之前，管理者做出某种预测，对预期出现的偏差，预先采取各种防范措施，期望组织未来的活动保持在允许限度内的一种控制类型。如对司机进行有关交通法规和违章操作后果的教育就是一种想利用持续性计划预先控制驾驶行为的企图。

即时控制是同期导向的，控制作用发生于行动之时。从维持组织的动态平衡的观点来看，即时控制比等结果产生后进行行为调整的后馈控制更令人满意，在微小的偏差发生时即加以调整，比稍后改正较大的偏差来得容易。因此，即时控制在组织继续运行时把各种活动过程维持在期望限度之内十分有效。

2.用于节点自定位的分层基础

不少人已经对锚节点（也称已知节点或信标节点）数目与节点自定位精度之间的关系进行了研究，而节点自定位的累计误差一直以来都是难点。为了减少未知节点自定位的累计误差，本章采用分层控制方法进行探讨。

以下，对各层级锚节点进行理想化假设，并以此作为本节讨论基础。

第一层锚节点：这些节点的自身信息如网络编号、实际位置信息、网内编号、通信方式等，可以直接获得；这些节点的功能在全网中最强大，具有最优处理权限和最好处理能力；同时，这些节点可以作为一组其他节点的主节点。

第二层次锚节点：这些节点信息不能像第一层锚节点一样，直接由外界给定，但可以通过第一级锚节点直接给出（计算出）；信息处理能力较第一层锚节点要弱一些；通信能力等于第一层锚节点;位置等精度要稍微弱于第一层锚节点。

第三层锚节点:通过第二层锚节点可以得到信息的未知节点,这种节点的自定位精度低于第二层锚节点;这层锚节点的架构与第二层相同,处理能力相似。

第四层锚节点:由第二层锚节点或第三层锚节点可以得到信息的未知节点,这些节点的自定位精度低于第三层锚节点;这层锚节点的架构与第二、三层相同,处理能力相似。

第五层锚节点:这些未知节点一半分布在边缘,所获得信息不够全面,自定位难度更大,并且累计误差较大,这层节点中的部分节点可能由于某些原因获得较好定位信息进而升级到第四层节点,但大部分节点将无法有效定位。

以上几层锚节点主要根据位置信息、定位精度来分层,各层之间可以转换,转换后则变到新的层级,但大部分锚节点做不到。边缘节点——主要指第五层锚节点,大部分无法获得有效信息,因而参与对其他物体定位的可能性变小。

在应用到实际情况之前还有很多事情要做,毕竟模型中使用的仿真环境是理想的,不影响独立于外部的参数。本算法通过增加节点通信报头中的控制标志,可以提高自定位的总体精度；进一步通过自动识别锚点分类级别的未知节点的自定位，可以采用不同的精度级别，从而实现不同的定位算法。根据锚节点层级不同，必须给节点赋予不同的编制格式以区别其层级。锚节点的具体格式设计如表 5-1 所示。

表 5-1 锚节点格式信息

变量	网络 ID	层级	锚节点	局部 ID	位置	精度	算法	FCS
描述	网络编号	锚节点级别	锚节点标识	局部标识	位置坐标	定位精度	奇偶校验	位选择算法

表 5-1 表示了一个锚节点除了具有共同数据规范外，在通信过程中，还须带有以上参量标志。在程序中，定义 Nid 表示网络编号，Level 表示锚节点级别，Anchor 表示锚节点标识，Lid 表示局部标识，Position 表示位置坐标，Position Accuracy 表示定位精度，Algorithm 表示奇偶校验，FCS 表示位选择算法。

Nid 一般可用两位 16 进制表示，如 0×03；Level 一般可用两位 16 进制表示，如 0×0A；Anchor 一般可用一位二进制表示，定义 1 为锚节点，0 为非锚节点（即未知节点）；Lid 同 Nid 一样，一般可用两位 16 进制表示，如 0×01；Position 一般可用四位 16 进制表示，如 0×0702；Position Accuracy 一般可用两位 16 进制表示，如 0×05；Algorithm 一般可用一位二进制表示，定义 1 为奇校验，0 为偶校验；FCS 一般可用两位 16 进制表示，如 0×06。以上参数,根据通信和编译处理方法,常常用一个数组来存放以上数值,当然需要按照一定顺序来排列以上参量。

3.算法设计

锚节点的布局密度影响其他节点自定位,最终影响了非第一层锚节点自定位的位置精度。

一个未知节点要升级为锚节点,必须从周围获知可以定位的信息,而这些可以通过第二层锚节点或第三层锚节点获得,也有可能由第二层锚节点和第三层锚节点共同定位。在定义节点层级中,可以看出第五层锚节点基本上不具备锚节点的特征,即便有个别锚节点能够获得自身位置信息,也可能由于累计误差而使得节点自身位置偏离实际位置较大。布局中,第四层锚节点将由第三层锚节点供给信息,当该层节点周围恰好存在两三个第二层锚节点时,也可能为这些锚节点共同确定。除第一层锚节点外,其他曾经的节点自定位信息可能来源于同一个上一层级,也有可能来源于不同层级。为了便于研究具有未知节点和锚节点的区域内的分配器问题,以三个锚节点为研究对象,假设锚节点之间信息已经通过某些方式计算出或者给出,未知节点周围的三个锚节点之间能够构成不受干扰的三角形。所设图形如图 5-12 所示。

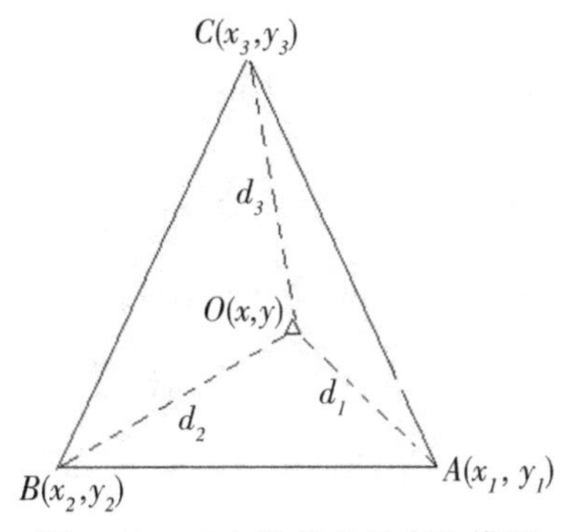

图 5-12　三个锚节点的定位模型

(1)仅有第二层锚节点情况。按假设可知三个锚节点 A、B、C 都是第二层级锚节点,三个锚节点坐标由第一层级锚节点给出,因此位置精度非常高。未知节点 O 的位置信息依赖于以上几个锚节点,假设此时每个锚节点的坐标如图 5-12 所示,未知节点坐标不带下标。此时,未知节点与第二级锚节点的三个节点之间的距离分别为 d_1,d_2,d_3。假设三个二级锚节点没有外部环境的影响,理论上来说,未知节点的坐标就是锚节点形成的三角形的几何中心。从现有文献来看,若将质心坐标直接作为通过未知节点坐标时,与实际坐标之间存在较大偏差。对质心算法的改进方案其实都是尽量降低或者减少算法中的距离测量、计算方法等,从而提高原始质心算法定位的精度。

这样,实际位置和计算位置存在误差,误差在测量距离和坐标之间，如下式所示：

$$\rho_i = \frac{1}{n}\sum_{i=1}^{n}\left(\sqrt{(x-x_i)^2+(y-y_i)^2}-d_i\right) \quad (5\text{-}14)$$

节点位置坐标的误差可以表示为 $o_i = o_i + \rho_i$ ，当误差小于定量值时，即可完成前述公式的调整，从而提高精度。

(2)仅有第三层锚节点情况。按假设可知三个锚节点 A、B、C 都是第三层级锚节点，未知节点 O 的位置信息依赖于以上几个锚节点，如图 5-12 所示。第三层级的锚节点坐标是由锚节点的二级定位，与第二层级坐标精度相比，由于累积误差的存在，第三层级的锚节点坐标精度要低很多。所估计质心坐标与真实坐标可分别表示为 $O(x_{\text{est}}, y_{\text{est}})$ ，$O(x_{\text{av}}, y_{\text{av}})$ ，它们之间存在的误差为

$$\begin{cases} x_{\text{est}} = x_{\text{av}} + \Delta x \\ y_{\text{est}} = y_{\text{av}} + \Delta y \end{cases} \quad (5\text{-}15)$$

Δx，Δy 分别表示实际坐标和节点的质心坐标之间的误差。$f(x, y)$ 表示未知节点和锚节点(指与该未知节点的通信锚节点)之间的欧氏距离，表达式如下：

$$f(x,y) = \sqrt{(x-x_i)^2+(y-y_i)^2}, i = 1,2,\cdots,n \quad (5\text{-}16)$$

泰勒级数开展的实质是求解方程的切线近似解。式(5-16)是泰勒级数变换形式，式(5-17)是泰勒级数展开式，也是拉格朗日余项。

$$f(x_{est}+\Delta x, y_{est}+\Delta y) = f(x_{est}, y_{est}) + (f'_x, f'_y)_X \begin{pmatrix} \Delta x \\ \Delta y \end{pmatrix} + R;$$

$$R = \frac{1}{2!}(\Delta x, \Delta y)\begin{pmatrix} f''_{xx} & f''_{xy} \\ f''_{yx} & f''_{yy} \end{pmatrix}_{X^*}\begin{pmatrix} \Delta x \\ \Delta y \end{pmatrix},$$

$$X^* = (x_{est}+\theta\Delta x, y_{est}+\theta\Delta y) \tag{5-17}$$

由于泰勒级数高阶余项的舍弃，在一定程度上，使得误差有所增加。现假设锚节点与未知节点之间的距离为 $d_i, i=1,2,\cdots,n$，为减少各未知节点坐标误差，进一步修正上述公式，则未知坐标的新距离可表示如下：

$$f(x,y) \approx f(x,y)\big|_{X_{est}} + (f'_x, f'_y)_{X_{est}}\begin{pmatrix} \Delta x \\ \Delta y \end{pmatrix} \tag{5-18}$$

式(5-18)即可表示为未知节点的真实坐标的泰勒级数式。对式(5-18)分别求 x, y 的一阶偏导数，如下：

$$\begin{cases} f'_x = \dfrac{x-x_i}{f_{xy}} \\ f'_y = \dfrac{y-y_i}{f_{xy}} \end{cases} \tag{5-19}$$

未知节点 $O(x_{est}, y_{est})$ 如式(5-16)所示，其泰勒级数展开式如下式所示：

$$f(x,y) \approx f(x,y)\big|_{X_{est}} + (f'_x, f'_y)_{X_{est}}\begin{pmatrix} \Delta x \\ \Delta y \end{pmatrix} \tag{5-20}$$

式(5-19)中两个坐标值的表示如下：

$$f(x,y)\big|_{X_{est}}=\sqrt{(x_{est}-x_i)^2+(y_{est}-y_i)^2}-d_i$$

$$(f'_x,f'_y)_{X_{est}}\begin{pmatrix}\Delta x\\ \Delta y\end{pmatrix}=f'_x\times\Delta x+f'_y\times\Delta y\big|_{X_{est}}$$

$$=\frac{x_{est}-x_i}{f_{xyX}}\Delta x+\frac{y_{est}-y_i}{f_{xyX}}\Delta y \qquad (5\text{-}21)$$

式(5-21)中的数值信息可以从已知的信息中获得，从而最终确认出未知节点的坐标值。

(3)第二层、第三层锚节点共存情况。由于传感器网络节点布置的不同，可能存在这样一类未知节点，为其定位的同一层级锚节点数量不足，必须借助其他层级锚节点来辅助定位，从而出现在未知节点周围的一些锚节点具有较高精度的位置信息的第二层级锚节点，而其他锚节点定位精度较低，可能是第三层级锚节点。在此类模型中，有可能定位精度较高的节点数量多，也有可能定位精度较低的节点数量多。由此，第二层、第三层锚节点共存情况根据周围锚节点精度进行区分。

①第二层锚节点较多，第三层节点较少的情况。假设，在须定位的锚节点三角形中，锚节点 A、B 具有第二层级精度，锚节点 C 具有第三层级精度，由前述假设可知，三个锚节点中，锚节点 C 的精度较低。分别以 A 和 B 为中心，半径分别是锚节点和未知节点之间的通信距离，画圆，如图 5-13 所示。这样，可知未知节点的可能位置处于精度较高锚

节点 A、B 之间的跨区域中，该区域如图 5-13 阴影所示。

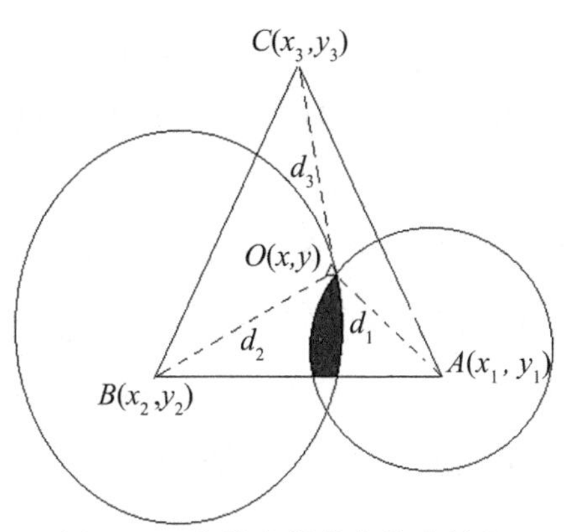

图 5-13　高精度锚节点较多情况

作为第三层级的锚节点 C，其坐标精度不够高，在进一步对其他节点定位中，会将误差进一步传递至新的坐标中，因此必须对其精度进行一定修正。考虑任意两个节点之间的通信距离在相同的环境中受到相同的影响，尽管很难直接确定位置坐标，但可以通过修正系数进行一定程度的调整。

由前述假设，可知锚节点 A 和锚节点 B 的坐标可以通过一定方式获知，它们之间的距离同样可以获知。现设一测量误差系数 k 表示节点之间测量距离和计算距离之比，当没有测量误差和计算误差时，则 k 为 1，如下式所示：

$$k=\frac{\sqrt{(x_1-x_2)^2+(y_1-y_2)^2}}{d_{12}} \tag{5-22}$$

采用上述公式对图 5-13 中阴影区域进行计算，则未知节点可能范围的节点坐标可以通过修正确定。根据所述，修正后的误差可以用下式表示：

$$\nu=\sqrt{(x-x_3)^2+(y-y_3)^2}-kd_3 \tag{5-23}$$

当式(5-23)的值最小时，就是未知节点的最佳坐标，理想情况下，该值应该为0。

②第二层级锚节点较少，第三层级节点较多情况。根据假设，在须定位的锚节点三角形中，锚节点A、B具有第三层级精度，锚节点C具有第二层级精度，由前述假设可知，三个锚节点中，锚节点C的精度较高。第二层级锚节点的坐标可分别表示为(x_{m_1},y_{m_1})，(x_{m_2},y_{m_2})，它们与未知节点之间的距离分别为d_{m_1}，d_{m_2}，用系数k_m来表述测量距离与节点的计算距离之间的比值：

$$k_m=\frac{\sqrt{(x_{m_1}-x_{m_2})^2+(y_{m_1}-y_{m_2})^2}}{d_{m_1},d_{m_2}} \tag{5-24}$$

处于须定位的未知节点周围的第三层级锚节点的坐标需要修改，而相应的第二层锚节点的坐标不需要修改。第三层锚节点的其他坐标分别表示为(x_{ml},y_{ml})，…，(x_{mn},y_{mn})，$(l<n)$。系数ν_m表示为测量距离与节点的计算距离之间的误差：

$$\nu_m=\sum_{i=1}^{l}\left(\sqrt{(x-x_i)^2+(y-y_i)^2}-d_i\right)+\sum_{j=l}^{n}\left(\sqrt{(x-x_j)^2+(y-y_j)^2}-k_md_j\right) \tag{5-25}$$

当式(5-25)的值最小时，就是未知节点的最佳坐标，理想情况下，该值应该为0。

5.3　流程及仿真分析

1.流程

(1)节点初始化后,第一层锚节点向其控制区域释放信息,当所有节点接收到信息时,节点自动分类。

(2)第二层锚节点可以通过第一层级锚节点定位;处于等待状态的未知节点不能直接获得位置信息。

(3)未知节点信息由周围的锚节点提供;所要定位的未知节点的层级信息也将由周围的锚节点获知,通过信息分类,自动区分节点层级。

(4)定位算法可以自动根据收到的锚节点信息,选择不同层次的定位算法,并同时将信息向外传播。

(5)查询所有未知节点是否都已经进行自定位;确认哪些未知节点没有进行定位,并跳转至步骤(2),经过循环后,确定是否存在未知节点不能定位,若已经不存在可以定位未知节点,则程序中断;否则继续循环。

2.仿真及分析

在 Win7 环境下,采用 MATLAB 7.0.1 对前述过程进行仿真。在 200×200 单位的空间布置不同密度(数量)的锚节点和未知节点,如图 5-14 所示。

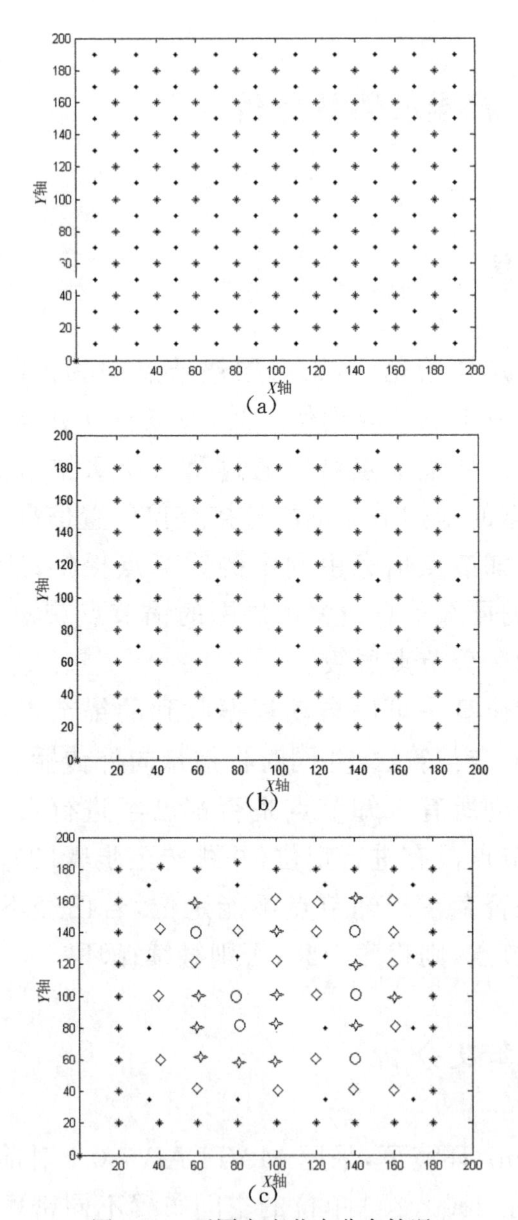

图 5-14　不同密度节点分布情况

(a) 高密度锚节点　(b) 低密度锚节点　(c) 低密度节点自定位

图 5-14 表示了节点在不同密度下的分布情况，其中，图(a)和图(b)分别显示了高密度和低密度的锚节点分布情况。以上各图中，“◆”表示为未知节点，“✳”表示锚节点。而在图 5-14(c)中，“◇”表示为第二层级锚节点，“✧”表示第三层级锚节点，“○”表示第四层级的锚节点。图 5-14(c)的不同锚节点，也表示出了部分未知节点被定位以后升级成为锚节点，其他两个图则没有出现这种情况。

如图 5-14(a)所示，在高密度锚节点情况下，所有未知节点都能够获得位置信息，从而能够实现自身定位；而在图 5-14(c)中，在锚节点密度低的情况下，只有部分未知节点可以相关信息进行自身定位。这些未知节点根据给予自身定位的第二层、第三层、第四层锚节点信息情况，当其升级为锚节点后，其对应的锚节点等级将依次下降，如变成第三层、第四层、第五层等。

从图 5-15 可以看出连通度和误差之间的关系，连通度越高，误差越低；但是当连通度增加到一定数值后，误差值趋缓，即使再增加连通度，也不会有效降低误差值。从图 5-16 可以看出，平均连通性随着锚节点密度的增加而增加。从图 5-17 可以看出，随着通信半径增大，在有效通信范围，节点覆盖率随之增加。从图 5-18 可以看出，在有效通信范围，节点自定位误差随着通信半径增大而降低；

“____”是表示其他节点密度；“____”表示锚节点密度较低；“____”表示锚节点密度较高；从图上还可以看出，锚节点密度越高，相应的节点误差越小，反之亦然。从图5-19可以看出，节点自定位误差随着锚节点密度的增加而减小，“____”表示围绕未知节点锚节点主要是第二层锚节点，而“____”则表示围绕未知节点锚节点主要是第三层锚节点。从各图可以看出，锚节点的层级、密集度、通信半径和连通性等都将影响节点定位的误差；同时，即使在理想仿真情况下，节点自定位的精度也存在误差，即定位位置跟实际位置之间存在误差，从图 5-19 可知，通过增加第二层锚节点的密度，能够较好地减小误差。

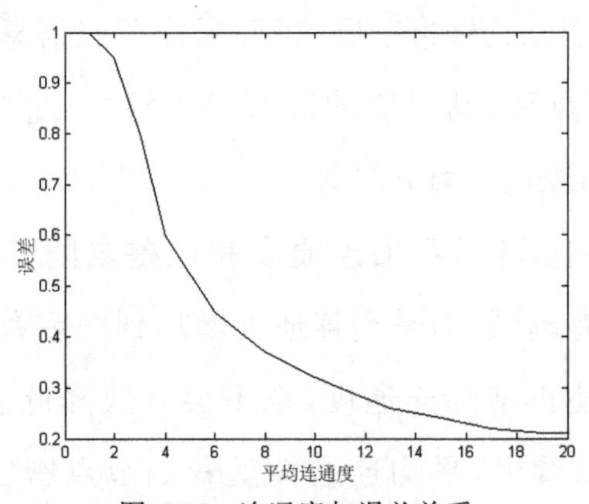

图 5-15　连通度与误差关系

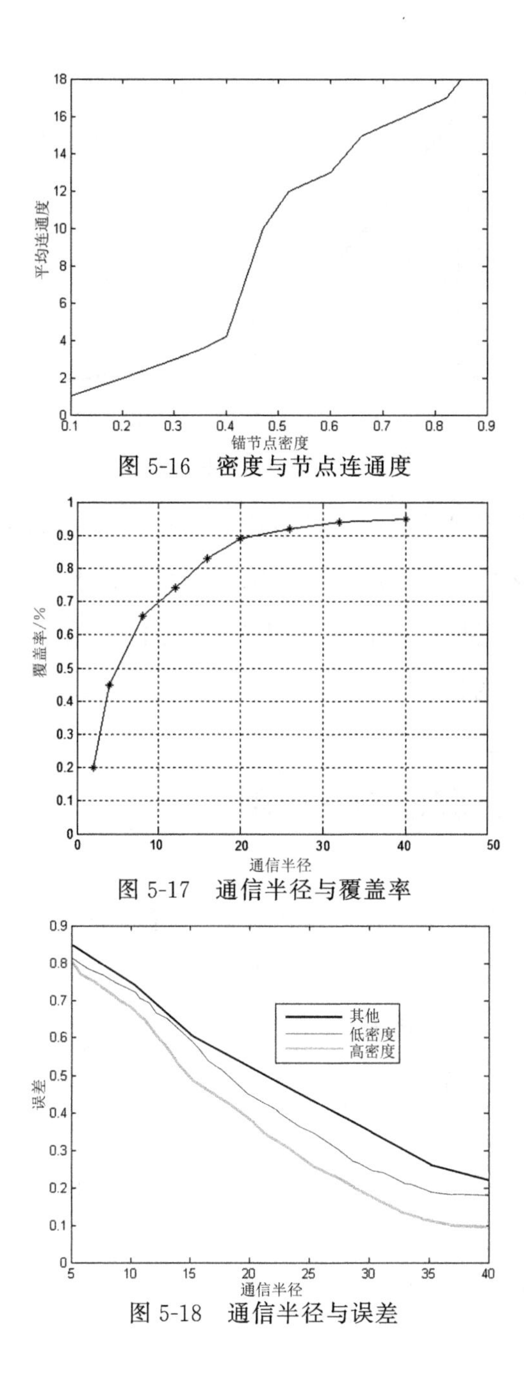

图 5-16　密度与节点连通度

图 5-17　通信半径与覆盖率

图 5-18　通信半径与误差

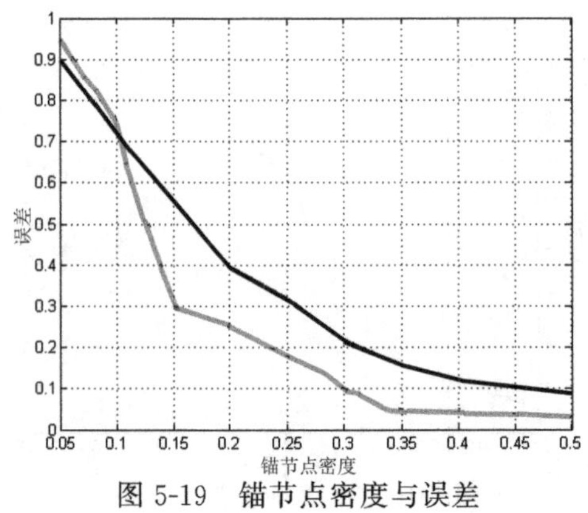

图 5-19　锚节点密度与误差

在实际无线传感器网络中，提前预先布局锚节点，并且为了网络中其他节点定位的准确性，适当提高第二层锚节点数量，有助于降低其他未知节点的定位误差，从而增强整个网络的监测性能。

5.4　分层控制的应用

分层控制理论可以用于以下一些领域：

(1)蔬菜大棚。蔬菜大棚中，主要监测对象为紧贴地表的蔬菜，上层空间并无明显的遮蔽物以及影响通信的固态物体，蔬菜大棚的整体环境参数相差不大，因而契合前述场景要求。

(2)地下停车场。地下停车场大部分用于监测地表车位及其上方的车辆的存在与否。停车场上层空间较大，通信场景比较适合，整体环境参数相差不大，契合前述要求。

(3)海洋水下监测。海洋环境比陆地环境复杂得多,但本案例所述环境是指某个区域内的局部环境,比如东海近岸 2～3 平方海里区域。在这样的区域内,可以大致认为海域环境的参数相差不大,海下通信采用水声通信方案;有的先用有限通信延伸至海面后,再采用无线通信方案,在局部区域内契合前述要求。

(4)其他小范围环境。无线传感器网络应用范围特别广泛,几乎可以用于各种测量环境,但本章所述方法仅仅适用于环境参数几乎相同以及环境对通信影响不大的区域,除了上述三类之外,还有一些环境参数性能变化不大的领域,包括大型货运船表面监测、飞机场飞行跑道监测、小范围水道监测、草场监测、小区域的山体监测等。

参考文献

[1]孙利民,李建中,陈渝,等.无线传感器网络[M].北京:清华大学出版社,2005.

[2]刘丹.基于拓扑连通性的多智能体系统目标追踪群集控制[D].秦皇岛:燕山大学,2012.

[3] Liu Y, Qian Z H, Wang X, et al. Wireless Sensor Network Centroid Localization Algorithm Based on Time Difference of Arrival[J]. Journal of Jilin University(Engineering and Technology Edition),2010(40).

[4] AKAYA K, NEWELL A. Self-deployment of Sensors For Maximized Coverage in Underwater Acoustic

Sensor Networks[J]. Computer Communications,2009(32).

[5]李晓维,徐勇军,任丰原.无线传感器网络技术[M].北京:北京理工大学出版社,2007.

[6]贾光政,王宣银,吴根茂,等.高压气动容积减压分级控制原理与特性[J].机械工程学报,2005(41).

[7] Xue F, Liu Z, Xu J H. Node self-locating Scheme for Underwater Wireless Sensor Network[J]. Journal of Naval University of Engineering,2010(22).

[8]江冰,吴元忠,谢冬梅.无线传感器网络节点自定位算法的研究[J].传感技术学报,2007(20).

[9]Arias J,Zuloaga A,Jesús Lázaro,et al. Malguki: An RSSI Based Ad Hoc Location Algorithm[J]. Microprocessors and Microsystems,2004(28).

[10]Teymorian A Y,Cheng W, Ma L,et al. 3D Underwater Sensor Network Localization [J]. IEEE Transactions on Mobile Computing, 2009(8).

[11]田金鹏.无线传感器网络节点定位技术研究[D].上海:上海大学,2009.

[12]洪海波,宁芳青,刘坤超,等.集气管压力分级控制系统[J].工业仪表与自动化装置, 2009(02).

[13]Guo J Q, Zhao W, Huang S L. Anchor-free Location Algorithm for Wireless Sensor Networks in the Application of Farmland[J]. Chinese Journal of Scientific Instrument,2009(30).

[14]Sheng X, Hu Y H. Maximum Likelihood Multiple-source Localization Using Acoustic Energy Measurements with Wireless Sensor Networks[J]. IEEE Transactions on Signal Processing,2004(53).

[15]Yan X U, Jiang-Hong S, Xiao-Fang W. An Improved Localization Algorithm Based on RSSI-margin in WSN[J].Journal of Xiamen University,2008(47).

[16]B Jiang, Wu Y Z, Xie D M. Research on Self-localization Algorithm of Wireless Sensor Net-works[J]. Chinese Journal of Sensors and Actuators,2007(20).

[17]Sheng X, Hu Y H. Maximum Likelihood Multiple-source Localization Using Acoustic Energy Measurements with Wireless Sensor Networks[J]. IEEE Transactions on Signal Processing, 2005(53).

[18]Hidayet Aksu, Demet Aksoy, Ibrahim Korpeoglu. A Study of Localization Metrics: Evaluation of Position Errors in Wireless Sensor Networks Original Research Article[J].Computer Networks,2011(55).

[19]Zhang Yuan, Liu Shutang, Zhao Xiuyang. Theoretic Analysis of Unique Localization for Wireless Sensor Networks[J]. Ad Hoc Networks, 2012(10).

[20] Mohamadreza Shahrokhzadeh, Abolfazl T. Haghighat, Fariborz Mahmoudi, et al. A Heuristic Method for Wireless Sensor Network Localization

Original Research Article Procedia[J].Computer Science，2011(5).

[21]孙晓艳，李建东，黄鹏宇，等.距离加权的二进制传感器网络目标跟踪算法[J].通信学报，2010(31).

[22]Ravelomanana V. Extremal Properties of Three-Dimensional Sensor Networks with Applications [J]. IEEE Transactions on Mobile Computing，2004(3).

[23]Zhou Z，Peng Z，Cui J H，et al. Scalable Localization with Mobility Prediction for Underwater Sensor Networks[J]. IEEE Transactions on Mobile Computing，2008(1).

[24]Ehsan S，Hamdaoui B. A Survey on Energy-efficient Routing Techniques with QoS Assurances for Wireless Multimedia Sensor Networks[J]. IEEE Communications Survey & Tutorials，2012(14).

[25]Amman H M，Das S K. Centralized and Clustered K-coverage Protocols for Wireless Sensor Networks[J]. IEEE Transactions on Computers，2012(61).

[26]Ke W，Liu B，Tsai M. Efficient Algorithm for Constructing Minimum Size Wireless Sensor Networks to Fully Cover Critical Square Grids[J]. IEEE Transaction on Wireless Communications，2011(10).

[27]顾兵.WSN中规则区域的最优覆盖研究[J].计算机技术与发展，2013(23).

[28]Anfeng Liuyz，Zheng Z M，Zhang C，et al. Energy-Efficient Disjoint Multi-path Routing for WSNs[J]. IEEE Transactions on Vehicular Technology,2012(61).

[29]张华,刘玉良,单海校.无线传感器网络改进质心算法的节点自定位[J].浙江海洋学院(自然科学版),2011(7).

[30]张华.基于遗传算法的无线传感器网络节点的自定位技术研究[D].杭州:浙江工业大学,2009.

附录

一般质心算法 matlab 程序

```
clear
clc
for i= 1:1:10
    for j= 1:1:10
        x(j+ (i- 1)* 10)= (i- 1)* 10;
        y(j+ (i- 1)* 10)= (j- 1)* 10;
    end
end
figure
plot(x,y,'.')

h old on
axis([0 100 0 100])
xy= [x;y]
hold on
```

```
xm= 90;
ym= 90;
n= 50;% 在原有 100 个点中随机产生 50 个点
for i= 1:1:n
Sx(i)= rand(1,1)* xm;
Sy(i)= rand(1,1)* ym;
      plot(Sx(i),Sy(i),'r* ')
xlabel('x 轴')
ylabel('y 轴')
    hold on
end
dm= 30
m= 100;% % %
for j= 1:1:n
      SS= [Sx(j);Sy(j)];% 选择一个点
      k= 0;
      fori= 1:1:m
            d= norm((xy(:,i)- SS),2);% 计算这个点和其他 100 点的
距离(用欧式距离)
            if d< = dm % 距离小于阈值则记录
                  xx(j,i)= xy(1,i);
yy(j,i)= xy(2,i);
                  k= k+ 1;
            else%
                  xx(j,i)= 0;
yy(j,i)= 0;
```

```
        end
        if k~ = 0% 如果这个随机点所在的组不是空集,则计算该组
的均值
            cent(:,j)= [sum(xx(j,:));sum(yy(j,:))]/k;
        else
            cent(:,j)= 0;
        end
    plot(cent(1,j),cent(2,j),'o')% 画出这个组的质心
    hold on
    plot([cent(1,j)Sx(j)],[cent(2,j) Sy(j)],'R') % 画出这个随机点所属于
的质心
    Title('Centroid')
    hold on
    MM= [cent(1,j);cent(2,j)]
    e(j)= norm((MM- SS),2)/dm% 计算误差(质心和随机点)
    end
    figure
    axis([0 n 0 1])
      j= 1:1:n
        plot(j,e(j) ,'- r.')% 画出这 50 个点的误差,即距离质心的距离
      hold on
      Title('Centroid')
      E= sum(e)/n
```

第6章　海洋环境下无线传感器网络定位及其应用

6.1　海洋监测及现状

地球表面有71%是海洋，从海洋表面到海洋深处，再到海底，直至海底的土壤之中，都蕴含着丰富的资源。20世纪初，人类的海洋活动加剧，对海洋带来前所未有的影响，甚至有的影响无法消除，比如海水污染、海洋垃圾等。世界各国和一些国际组织针对海洋、海岸、水域环境的监测和保护，加大了对海洋的研究力度，但到目前为止，还没有一个完美的方案能解决所有问题。

海洋环境实时监测系统的目标，是为公众或科研迅速实时提供海洋生物资源和生态环境的变化信息，以方便及时预测或进行相关研究。现代海洋环境实时监测总体趋势为高技术化、高集成度化、高时效化、多平台化、数字化等。

发达国家早在20世纪70年代就开始研究适用于各种不同目的的自动检测系统。特别是沿海国家，都在积极发展海洋监测系统高新技术，从空间、水面等对海洋水流进行全方位监测，加强海洋预报，海洋信息服务的高新技术建设。美国、英国、西班牙、日本、俄罗斯等海洋强国不断强化或更新本国管辖海域的海洋水流监测和服务系统，不断推出海洋监测技术产品，获得海洋水流的全面信息。美国实施的Argo计划，在全球海洋上放置3 000多个智能漂流浮标，每年可获得10万多个数据和参考数据。美国在蒙特雷湾研究开发的“实时环境信息网络与分析系统”是一个军民兼用的集数据采集管理和可视化为一身的实时监测和服务系统。日本推出了ARENA(Aadvanced-Real-time Earth Monitoring Network in the Area)计划；欧洲推出了esoNET(european seas observatory Network)计划，此外还包括美国海洋监测IOOS(Integrated Ocean Observing System)项目、欧洲的海洋监测ROSES(Realtime Ocean Services for Environment and Security)项目、美法联合研制的ARGOS(百眼巨人)系统以及国际海洋监测GOOS(Global Ocean Observing System)项目等。

我国的海洋环境监测系统相关技术发展较晚，同欧美等国相比，仍存在着较大差距。随着我国对海洋资源的开发，海洋环境监测领域也随之得到重视；海洋环境监测技术被列入国家“863”计划；我国的海洋环境实时监测领域也得到了空前的发展。我国目前也有多种海洋监测系统，例如海洋资料浮标、海洋监测基站及航空和卫星遥感资料分析处理等。

海洋环境实时监测系统要发展到区域监测海域系统集成，多传感器、多元素采集器集成，并能通过移动通信网、微波通信、Wi-Fi 等多方式服务。海洋监测系统需要集成 PH 传感器、温盐深传感器、水流量传感器、风向仪等设备，其输出有模拟信号、数字信号，通信接口有串口 RS232、RS485、USB 等。数据传输协议、数据传输格式等都存在极大不同，如何将这些数据融合、集成、打包发送出去，并能确保接收端获取的数据精确度，从而实现海洋监测系统平台的建立。

海洋浮标是一类载有探测用的各类传感器的海上平台，是现代化海洋监测系统中的重要技术，某监测平台如图 6-1 所示。海洋浮标就像一个海上自动水文气象站，它可在广阔的海洋上进行长期定点（或漂流）的连续监测，不管海上是风平浪静还是狂风暴雨，都能监视海上风云的变幻，为海洋环境预报、航海运输、海洋科学研究以及海洋开发，提供海洋信息。基于无线传感器网络并外加浮标、基站等传感器搭载平台的海洋监测系统能更易实现监测数据与信息的实时性、长期性、可靠性、网络化等功能需求。

图6-1　某海洋综合监测平台

6.2　水下传感器网络概述

1.水下通信方式

随着陆地无线传感器网络的研究飞速发展，人们开始将眼光投向海洋，希望能够采用一种新的方式解决一些海洋问题。

事实上，水下环境跟陆地环境相差很大，特别是通信路径、噪声影响等，都使得水下通信方式与陆地上的通信天差地别。目前来看，水下通信方式一般包括无线电通信、光通信和水声通信。

(1)无线电通信。无线电通信是指利用无线电波传输信息的通信方式，能传输声音、文字、数据和图像等。目前，人们已经认识到，无线电在海水中传播时衰减严重，并且无线电的频率越高衰减越大。有数据表明，低频长波无线电，在水下通信距离可以达到 6～8m（这里指的是实验情况）；而 30～300Hz 的超低频电磁波，在海水中通信距离可以达到 100m。MOTE 节点发射的无线电波在水下仅能传播 50～120cm，而 CC2530 载波频率达到 2 400MHz，该节点在水下传播距离与 MOTE 节点相差无几。即便超低频电磁波能够完成较远距离通信传播，根据光速公式可知，此类超低频电磁波发射天线长度要求高，实现起来较难。

人们发现在水下采用无线电通信会受到限制，无线电不能满足水下远距离传输。水下用无线电可实现近距离高速通信，或将水下世界的通信通过某些方式变换到空间通信，从而可以实现无线电通信。

（2）光通信。光通信（optical communication）是以光波为载波的通信方式。光通信经过长期发展，通信技术包括通信设备等已经发展比较完备。光通信设备包括各类光纤；光纤接入设备包括无源光网络、光线路终端、光网络单元、波分复用器等；光传输设备发展也相对成熟。

有数据表明：蓝绿激光对海水穿透能力强，衰减值仅为 10^{-2}dB/m；而在清澈的水中，短距离高速水下激光通信速率高达几兆比特；一种波长 532nm 的绿光激光器，通信距离小于 7m、传输速率达到 320Kbps。从现有研究结果来看，水的清澈度会影响通信质量，水下激光通信需要直线对准传输，水下激光通信距离较短。由于其高速数据传输率和传输距离短的特征，人们一般会将光通信用于近距离高速率的数据传输中，如自主水下航行器和岸边基站间的数据传输等。

(3)水声通信。水声通信是利用声波在海水里传播实现的。其工作原理是先将文字、语音、图像等信息转换成电信号，进行数字化处理，换能器又将电信号转换为声信号进行发送；声信号通过水介质，将信息传递到接收换能器，声信号转换成电信号，解码器将数字信息解码，再将信息变成声音、文字及图片。

2.水下传感器网络定义

水下传感器网络的定义不尽相同，其中 HFUT-TI DSP 实验室给予的定义为，水下传感器网络(Underwater Sensor Networks, UWSNs)是由具有声学通信与计算能力的传感器节点构成的水下监测网络系统。而在不同文章或者教材中，定义不同，有人如下定义水下传感器网络：指将能耗很低、具有较短通信距离的水下传感器节点部署到指定海域中，利用节点的自组织能力自动建立起网络。而维基百科没有给出水下传感器网络的明确定义，百度百科仅仅给出传感器网络的定义。

我们认为水下传感器网络具有以下一些特征：以任务为核心，以传感器终端节点为任务抓手——包括各类监测、检测任务以及动作任务，以水下环境为主要工作背景，具备通信机理、信息处理能力，并将数据翻译成为显示终端能够理解的文字、图形、图像或视频资料。参照 HFUT-TI 实验室的定义，认为水下传感器网络是：具有监测能力、通信能力、计算能力和处理能力的并能完成特定任务的水下监测系统。

据公开信息，水下传感器网络的研究起步于 20 世纪 90 年代，美国早在 1998 年就进行了实际的水下 Seaweb 组网实验。美国计算机学会从 2006 年开始成立了国际工作组，专门开展水下声传感器网络的研究和交流。随着人们对水下传感器网络的日益重视，越来越多的科研机构、公司等在水下传感器网络领域积极开展研究，主要有康涅狄格大学、佐治亚理工学院、南加州大学、麻省理工学院、伍兹霍尔海洋研究所和新加坡国立大学等。

根据公开信息，我国早在“八五”期间就针对水声通信开展了研究，包括中国科学院声学研究所、中国科学院沈阳自动化研究所、哈尔滨工程大学、厦门大学等，主要开展了低速率远程通信和高速率近程通信等方面研究。在水下传感器网络方面，我国起步较晚，从 2006 年开始，中国科学院声学研究所、中国科学院海洋研究所、中国科学院自动化研究所、哈尔滨工程大学、北京科技大学等研究单位在相关主管部门支持下，结合多年水声通信研究经验，开展水下声传感器网络的相关研究，针对水声通信技术、组网协议、体系结构等研究内容，已经获得了一些研究成果。

3.水下无线传感器网络架构

一般来说,现有的水下传感器网络包括水下部分、水面部分以及水上部分。根据水下传感器网络主要通信方式的不同,可以分为水声传感器网络和水下无线传感器网络两大类。所谓水声传感器网络,是指以水下通信为主要方式,且以水声通信为主,该类网络主要研究声学特征及相关通信基础、器件等。水下无线传感器网络是指通信方式以空间无线通信为主,即在水表面建立相关转换平台,如浮标平台、船舶、海工平台、水面机器人等,信息从水下节点采集后,一般可以通过有线或者水声无线方式送至水面平台,水面平台将接收到的信息计算、处理后,通过卫星或者船岸通信平台发送出去,最后送至处理终端或显示终端,如图 6-2 所示。

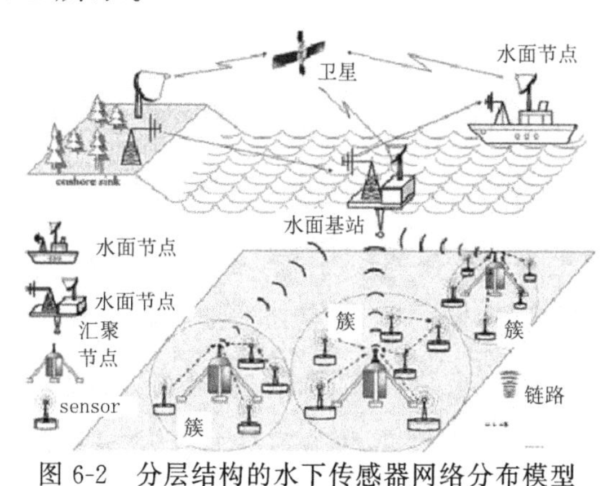

图 6-2 分层结构的水下传感器网络分布模型

水下无线传感器网络中的水下节点有多种处理方式，一种是按照无线传感器网络处理方式进行，即采用传感节点、汇聚节点和管理节点方式(若网络较小，则可不需要汇聚节点)，节点与节点之间采用无线通信方式，如采用水声或者无线电等；另一种是节点功能类似，相互之间只作为数据传递作用，没有层级关系；还可以采用水面上布置功能较强大的水面节点，而水下传感器节点则用有线方式链接，并传递相关数据。水下传感器网络无线通信模式如图 6-3 所示。

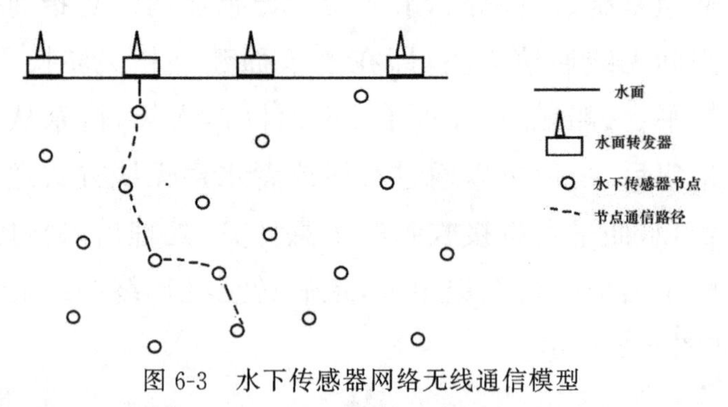

图 6-3　水下传感器网络无线通信模型

根据水下传感器网络节点通信路径及数据处理方式，一般可将水下传感器网络结构分为两类：一是平行结构，如图 6-4 所示；二是分层结构，如图 6-2 所示。从图 6-4 可以看出，水下传感器网络节点之间地位平等，各自信息直接传输至基站，由基站再转发出去，也就是说，在平行结构里，所有节点地位平等。因此，水下传感器的平行网络结构简单，处理方便，同时，正是由于平行结构，使得基站所能带动的节点数有限，网络规模不可能太大，该结构适合于规模较小的网络，且网络扩展性较差。

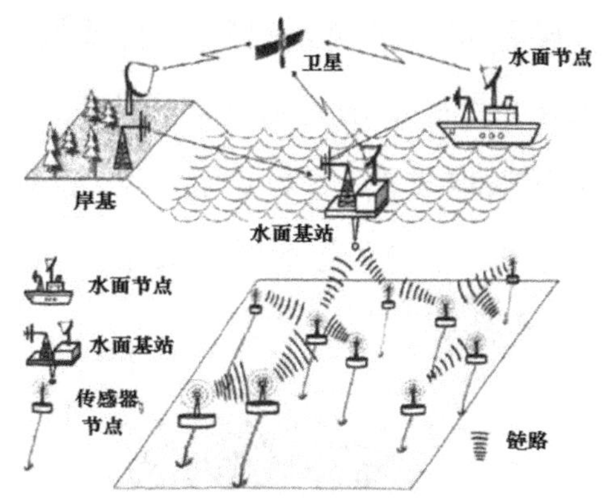

图 6-4　平行结构的水下传感器网络分布模型

在图 6-2 中，水下传感器网络节点被划分为簇群，每一个簇由簇头和簇成员组成，簇和簇成员都由节点构成。根据分层思想，簇头主要负责管理本簇节点，负责本簇数据的梳理和转发。簇头可以通过初始设置完成，也可以通过设计算法，让网络自动选举完成。分层具有一定优势：簇头负责数据及簇群管理，簇成员功能可以比较简单；整个网络具有较好延展性，可以通过增加平行簇数，也可以通过增加簇成员数实现扩展；由于簇之间的非连通性，使得整个网络具备抗损坏性能。分层结构的水下传感器网络，研究的重点包括：适合簇头选择算法和簇维护机制；合理的均衡簇头节点任务负担的算法，避免其成为网络的瓶颈；合理、稳健的簇间路由算法。

由于无线电以及光通信在水下通信距离受限，因此通过水下和水面分离通信是研究的一个热点。水下部分，主要在于布局传感器网络以实现对特定区域的监测等工作，以完成信息采集；水面部分主要负责数据处理、传输，数据处理计算已经越来越成熟，而数据通信常常采用卫星通信方式。完全采用无线电或光通信主要在于水下节点近距离通信，以减少转换等无效开支。

4.声呐

水声传感器网络的核心基础是声学基础。何祚镛认为声学是研究声音的产生、传播、接收、作用和处理重现的学科。声呐是声学在水下应用的产物。何祚镛在《声学理论基础》中指出：声呐是指利用声波对水下目标进行探测、定位、跟踪、识别以及利用水下声波进行通信、导航、制导、武器的射击指挥和对抗等方面的设备。

声呐设备目前获得了相对广泛的应用，产生了各种用途的声呐设备，包括主动声呐、被动声呐、被动测距声呐、拖曳线列阵声呐、目标识别声呐、通信声呐、侦察声呐、水雷规避声呐等产品。

按声呐工作原理来分，声呐分为主动声呐和被动声呐。主动声呐一般是指采用声呐设备主动发出某种探测信号，当信号在水中传播遇到障碍物或目标时，信号反射回来并被接收，从而根据接收到的回波信号来判断目标的参量，如图 6-5 所示。

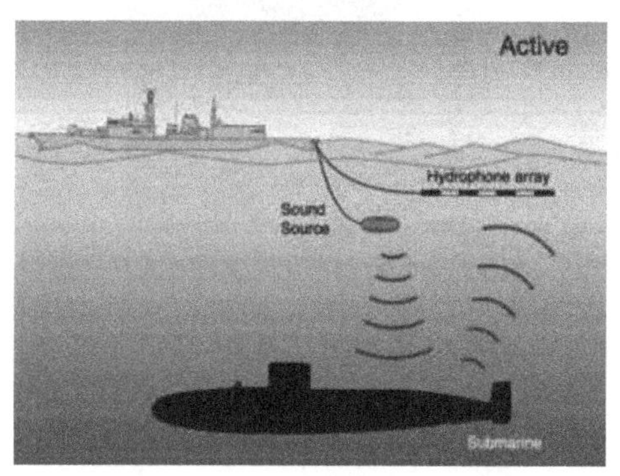

图 6-5　主动声呐工作示意

主动声呐的工作流程如图 6-6 所示。主动声呐发射信号，经过目标反射后，被接收，通过处理器处理显示出监测目标对象。采用主动声呐的系统有 Farsounder.inc 3-D 前视声呐、侧扫声呐、成像声呐、多波束声呐等。

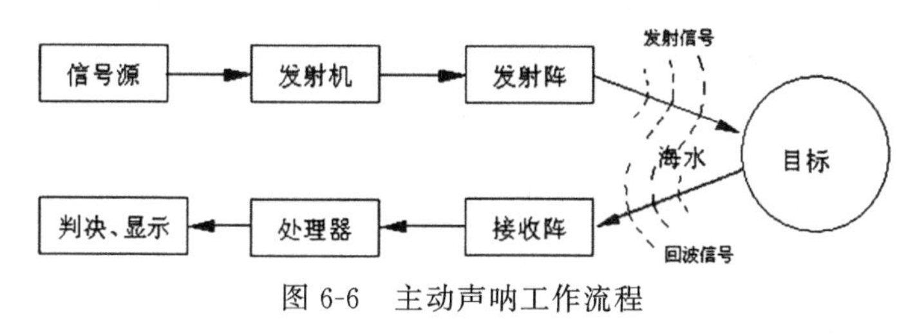

图 6-6　主动声呐工作流程

被动声呐是利用接收换能器基阵接收目标自身发出的噪声或信号，从而实现探测目标的声呐，如图 6-7 所示。主动声呐隐蔽性差，而被动声呐隐蔽性较好。

图 6-7　球面阵列(被动声呐)

5.水下传感器监测网络体系结构

水下传感器网络根据任务和具体应用不同,划分方式也不同,有多种体系结构。如果按照监测区域划分,大致可分为二维网络、三维网络和立体监测网络等几种。

所谓二维监测网络主要是指传感器节点构成的网络在水下分布基本呈现平面型结构。目前,这种网络中,传感器节点将被锚定在海底(布置在近海海域的案例相对较多),且锚链长度基本相同,传感器节点从周围获取信息后,将监测信息通过 AUV 等装置定时收集(也可以直接将监测信息发往浮在水面上的基站),再通过无线电方式,将信息传输至卫星、船舶或岸上陆基基站等中转机构,最终将海底监测信息传送到终端。在这样的网络中,有些网络是先处理监测数据,也有网络是将数据在终端进行处理。因此,二维传感器网络,常常应用于海底环境的监测和海底板块构造的研究领域，如海底生物分布、生长过程、生态状况监控，海底生物即时视频传递。

2006 年，美国伍兹霍尔海洋研究所应用海洋物理与工程系与密西西比州的斯坦尼斯海军海洋环境研究中心提出的“范式”定位法用六个水面浮标节点和简单的三边定位算法来定位方圆 20km、水下 17m 范围内的自主潜航器。葡萄牙系统与机器人研究所高级研究中心提出“GPS 智能浮标”定位法，用电缆或光纤连接具有位置信息的水面浮标和水中移动节点，再用三边测量法计算节点位置。2009 年，韩国光州科技学院提出用四个漂浮在海面的远程通信锚节点位置信息和多维尺度分析法计算水下节点位置。马来西亚沙捞越大学 2008 年提出 seed-node 算法，利用一个锚节点就实现了水声传感器网络节点的相对定位；韩国浦项科技大学利用信号的方向性，提出用两个锚节点实现水声传感器网络节点的定位方法。英国剑桥大学、美国麻省理工学院、美国海岸警卫队等多家机构合作设计出一种利用 GPS 进行水下定位的“智能水面浮标系统”，该系统用一组能获取 GPS 定位信息的无人潜航器或无人水面艇。2007 年土耳其伊斯坦布尔技术大学、美国加州大学洛杉矶分校提出用 UUV 和 GPS 联合定位的方法，由 UUV 在水面获取 GPS 坐标后，按预定轨迹下沉，并通过罗盘和航位推测法按照预设路线航行，最后定期浮出水面修正位置信息。2008 年，中国海洋大学和香港科技大学联合提出了一种分布式水下定位方法——使用定向信标定位法，用 UUV 作为移动锚节点，向普通节点发送信号，降低总定位能耗和通信开销。九江大学提出了一种通过建模噪声信号寻找水下声信号位置的方法，用速度和声压水听器阵列进行二维定位。

所谓三维监测网络主要是指传感器节点构成的网络在水下分布基本呈现三维状态结构，这种节点分布模型在水下传感器监测网络中较为常见。水下环境与陆地大气环境不同，由于各种原因会使节点周围的水产生推动节点无序移动的力量，三维水下传感器网络一般又可分为固定式三维监测网络和移动式三维监测网络。这里所指的固定式三维监测网络，是指人们在布置网络节点时，采用气囊、锚链等方式，将传感器节点锚定在海底，并将节点布置为三维分布状态，形成较为固定的监测网络。此外人们还利用海面浮标，将节点下降到不同的深度，也可以形成固定式三维监测网络。而移动式三维监测网络，主要是指人们在布局三维监测网络时，几乎所有的节点都能够移动，可以实现不同区域的移动监测，目前，人们常用多个 AUV、水下滑翔机等携带节点，从而构成监测网络。美国伍兹霍尔海洋研究所的科学家曾利用 12 个水下滑翔机成功地组成了一个水下传感器探测网络。此外，人们还使用水下行走机器人、无人艇等携带监测节点，实现监测功能；还有人使用 AUV、水下滑翔机等移动式监测点，协同固定节点，形成一种特定的移动式三维监测网络。

2007 年，美国康涅狄格大学提出了一种分层定位方法,使用三维递归距离估计法进行定位。这种方法虽适用于大型水下网络,具有较低的通信开销,但需大量的锚节点,同时水下节点的移动对定位精度也有较大影响。2008年,土耳其伊斯坦布尔技术大学和美国加州大学洛杉矶分校提出了“自沉降浮标”定位法,使用可沉降浮标上浮到水面接收GPS信号确定自身坐标,然后下潜向未定位的传感器节点广播坐标、时间、最大潜水深度、跳数等信息。2009年,上海交通大学、英国斯旺西大学提出一种利用可拆卸浮沉收发器的分级、分布式定位方案,减少移动锚节点应用的限制。2011年美国康涅狄格大学提出能预测移动性的可扩展定位方案,用水下传感器节点预测移动模式,这是一种可用于大型移动传感器网络的分布式定位方案。水面浮标通过自身配备的GPS确定位置,锚节点与水面浮标通信获得初始位置,然后通过线性预测法估算运动模式和当前坐标。普通节点依靠锚节点或相邻节点的定位信息到达时间、坐标置信度值等信息进行定位。康涅狄格大学提出利用历史信息的启发式辅助预测方法,根据通信的平均持续时间和两次通信的时间间隔、两个节点最后一次通信的时间及通信频率等进行定位。

所谓海洋立体监测网络一般是指采用综合监控方式,包括水下环境等的监测,海面监控以及数据处理、传输、显示、使用等的综合性网络。水下监测可以采用二维传感器监测网络、三维固定式传感器监测网络、三维移动式传感器监测网络,也可以采用混合式监测网络。水面网络部分利用无线电进行通信，其传输带宽高、速度快 、可靠性强并可采用 GPS 定位，直接与卫星通信。水面传感器网络还可以检测风向、波高、潮汐、水温、光照、水质污染并负责与水下网络、陆基基站进行信息传输等。图 6-8 为某海洋立体观(监)测系统。

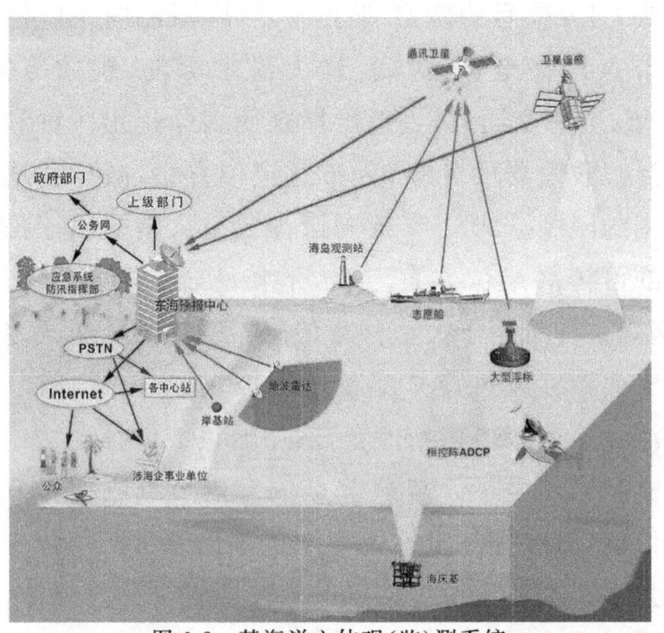

图 6-8 某海洋立体观(监)测系统

公开资料显示，国家海洋立体观(监)测系统由海洋站网、海洋雷达站网、浮标网、海底观测网、标准海洋断面、海洋生态监测点网、卫星海洋观(监)测系统、志愿船队、剖面漂流浮标网、漂流浮标网和海洋机动观(监)测系统组成，主要覆盖我国管辖海域，具有高密度、多要素、全天候、全自动的海洋立体观(监)测能力。

6.水下传感器网络协议与定位

水下传感器网络与陆地无线传感器网络相比，有很多不同。由于水下信道的特征影响，水下网络具有以下特点：

(1)传播延迟大。声波在水中的传播速度是1 500m/s，比地面无线电波传播延迟了大约5个数量级。同时，水声信号的传播速度受海水的压强、温度、盐度等物理特性的影响较大，具有明显的时空特性。

(2)多径效应。声波在水面和水中传播时，易受折射以及反射的影响，导致声源发出的信号沿着多条不同的路径先后到达目标节点。

(3)多普勒效应。水下传感器节点会随着水流而移动，声波的传播速度与无线电波的传播速度相比差了5个数量级，节点很小的移动就会造成多普勒频移，并且水声信道的载波频率比较低，两者共同作用使得水中的多普勒频移远远大于地面的无线电波通信中的多普勒频移。

(4)网络连通性差。水下节点声学通信模块复杂，恶劣的水下环境需要增强的硬件保护装置，进而使得节点部署稀疏；水下传感器网络节点长期浸泡、腐蚀，使得节点故障率较高；水下传感器网络的节点会随着水流和其他水下活动而改变位置。

(5)误码率高。水下环境恶劣，声波传输过程中易受路径损耗、环境噪声、多径效应和多普勒频移的影响，提高信号的出错率。根据传输范围和调制方法的不同，水声通信随着传输范围的不断增大而增强。

(6)低带宽。水声信道的带宽依赖于声波频率及其传输距离。大部分声音系统的工作频率在30kHz以下。根据相关文献，传输几千米的水声信道带宽大约是几十千比特每秒，几十米的短程系统带宽大约是几百千比特每秒。

除了水声环境影响之外，水下传感器网络与陆地无线传感器网络相比，还有一些不同之处，主要表现在：

(1)水下节点及其网络具有移动性的概率更大，协议必须适应这种变化。

(2)由于传输距离较远，信号的发送与接收都需要进行额外的处理以补偿信道衰落，水声通信消耗能量巨大。水下节点采用电池供电，在恶劣的水下环境中充电和更换都非常困难。因此，水下传感器网络协议必须能够满足能量管理条件。

(3)水下网络节点布置相对较为稀疏，而陆地无线传感器网络协议密度较好，不能直接应用于水下，必须研究适应水下网络稀疏特点的新协议。

一般将水下传感器网络协议与无线传感器网络相比，协议层主要包括物理层、数据链路层、网络层、传输层、跨层设计、水下定位处理等。

(1)协议情况。物理层方面协议主要解决调制与解调。其主要包括相干调制技术、非相干调制技术、正交频分复用技术等方面。由于水下信道动态的时变特性,物理层技术必须能够自适应水下环境的变化。

数据链路层主要解决媒体接入控制问题。水下环境使得整个网络呈现高时延、低带宽、低能耗以及时延的动态变化等特征 ,水下 MAC 协议的研究必须能够匹配这些特征。目前来看,水下传感器网络的 MAC 协议一般可分为基于竞争类和基于固定分配类。基于竞争的 MAC 协议对网络自适应性好,采取节点之间竞争方式获取信道使用权;而基于固定分配的 MAC 协议,主要通过把共享信道分配给节点单独使用,从而提高信道利用率。

网络层主要解决路由方面问题。由于水下传感器网络的三维、动态、移动、节点稀疏等特征,路由协议必须在设计上满足这些基本需求。水下传感器网络路由协议一般包括主动路由、按需路由、地理路由等。主动路由协议由基站周期性广播路由信息包建立路由;按需路由根据需要临时建立路由;地理路由利用节点的地理信息实现路由。

传输层主要管理数据可靠性传输问题,包括差错控制、流量控制和拥塞控制等。数据的可靠性传输受到水下信道的时延、多径效应等影响。有人提出了自动重传结合前向纠错技术,减少重传数据包的量的方法;也有人利用网络编码结合多径效应增加数据传输;还有人提出结合 BCH 编码结合 EC 擦除编码,实现 FEC 可靠数据传输算法的方法。

跨层设计主要应对信道复杂性和节点能量有限性,一般来说是将两个层及两个以上层综合起来，进行相应的协议设计。有人将 MAC 层和路由层结合起来以降低传输时延；有人将 MAC 层、路由层和物理层结合起来，以提高水下多媒体传输及应用；有人将 MAC 层、路由层结合起来，针对信道质量提出最优数据包长度算法。

(2)定位问题。无线传感器网络应用中，重要的是监测目标的具体位置，没有确切监测消息的位置没有任何意义。水下传感器网络节点定位是传感器网络的支撑技术之一。水下传感器网络定位与陆地无线传感器网络存在明显不同，现有陆地无线传感器网络的部分定位结论并不适合于水下传感器网络，表现为水下信道带宽低，通信开销不能太大，传感器节点随波逐流，水下传感器节点不能直接使用 GPS 等。

同无线传感器网络一样，水下传感器网络定位技术可以分为基于测距的定位和基于非测距的定位。

基于测距的定位先进行两点测距 ，再利用三边、三角等几何关系实现定位节点，具体测距方法有 RSSI、TOA、TDOA 和 AOA 等。其中，RSSI 随水下信道变化具有很高的时变性 ，TOA 需要精确的时间同步。有人采用大功率的锚节点方案从而不需要时间同步的定位算法；有人利用 AUV 周期性地发送位置信标定位节点；有人提出利用节点的移动模型降低节点定位频度的算法；有人利用投影把三维定位降为二维定位的稀疏网络实现定位；有人讨论了在传感器网络节点定位问题，并分 RANGE、AOA、

AOA＋RANGE、AOA＋COMPASS、AOA＋COMPASS＋RANGE几种情况进行探讨，证实了传感器网络能够定位并传输数据。

基于非测距定位主要有交叠区域定位、多跳距离定位等，该方法适合于定位精度要求不高的场合。有人通过改变锚节点发射，分割大区域成许多小区域，从而实现节点定位；有人将二维区域定位算法扩展到三维水下区域定位；有人利用移动信标节点进行定位。

从现有的文献来看，对水下传感器网络节点覆盖及自定位的问题开展比较少，主要在于水下信道的独特性能使得覆盖问题以及自定位问题变得很复杂。

6.3　水下传感器网络定位数学模型

从公开资料来看，水下传感器网络按照监测区域可划分为二维网络、三维网络和立体监测网络。人们已经采用水下网络完成海洋数据采集、污染预测、远洋开采、海洋监测等，知名应用包括美国发展的海网（Seaweb）、近海水下持续监视网（PLUSNet）、深海主动探测系统（DWADS）、美国综合海洋观测计划（OOI）、加拿大海王星海底观测网（NEPTUNE）、日本地震和海啸海底观测密集网（DONET）和欧洲海洋观测网（ESONET）等。

水下传感器网络监测节点的形式各不相同，有普通水下传感器节点，有ROV、UUV、滑翔机等，有长基线、短基线、超短基线等。因此,水下传感器网络与陆地无线传感器网络存在明显不同,包括节点大小、节点通信、节点硬件、节点传感器连接以及传感器组成形式等。根据应用场景不同,人们将水下传感器网络定位大致划分为两种:一是水下精确定位;二是水下区域定位。精确定位方法是最常用的定位方法,而区域定位主要用在无须精确定位目标坐标的场景,例如鱼虾群、网箱养殖、污染水域等。

本章主要考虑水下传感器网络中二维网络和三维网络定位模型,忽略节点自身区别,不考虑传感器数据向上层传递问题,不考虑水面传感器网络。假设在水下传感器网络中并对比无线传感器网络,所有用于采集数据的节点,跟传感器节点功能类似,所有用于管理数据、通信、转发命令的节点,跟汇聚节点功能类似,所有用于控制网络的节点跟管理节点功能类似,以上三类节点在同一个水下传感器网络中功能一致。

根据假设可知,以下所讨论二维网络以及三维网络问题,可以参照无线传感器网络定位技术,但又与无线传感器网络存在一些不同。

1.二维网络

从现有的文献和研究来看,当陆地上无线传感器网络以随机形式抛撒时,节点分布以高斯分布最常见。而在探讨无线传感器网络节点自定位的绝大部分文献中，对节点信号传播模型采取了圆形无线信号传播模型，节点分布选取均匀分布；在实际使用中，无线信号的传播模型是按信号传输强度的等高线分布，与理想的圆形模型有很大区别，也造成节点自定位的误差；水下传感器网络的节点分布的复杂程度远远超过了陆地。

如前假定，现研究对象布设为二维平面，区域大小为 $x_{\text{length}} \times y_{\text{length}}$，其中 x_{length}，y_{length} 分别是该坐标对象的横坐标长度和纵坐标长度；随机布撒（人为布置）数量为 n 的节点作为信标节点，各个节点通过相互通信获得坐标或者网络中的位置等信息，考虑理想状态下，节点的位置基本不变，此时，各节点坐标分别为 $P_i(x_i, y_i)\ (i=1,2,\cdots,n)$，且信标节点均匀分布；所在区域内，存在数量为 m 个未知节点，如图 6-9 所示。

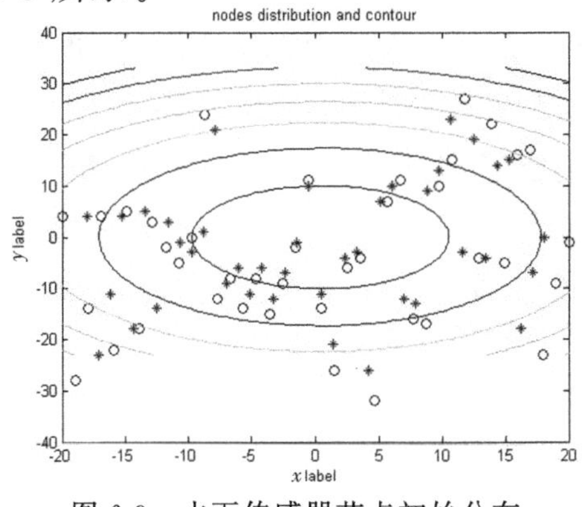

图 6-9　水下传感器节点初始分布

假设某未知节点坐标为 $X_j(x_j, y_j)(j=1,2,\cdots,m)$；一般来说，通过计算出来的未知节点坐标都是估算值，假设估算坐标 $X_j(x_{\text{est}}, y_{\text{est}})$。质心算法是一种仅基于网络节点连通性的定位算法，定位精度取决于信标节点的密度和分布。如前面章节所述，一般质心算法定位精度确实不够，但经过迭代、优化后的数值精度会有所提高。依照质心算法，所建成的质心坐标为 $X(x_{\text{av}}, y_{\text{av}})$，与估算坐标之间存在误差值，如下式所示：

$$x_{\text{est}} = x_{\text{av}} + \Delta x;\ y_{\text{est}} = y_{\text{av}} + \Delta y \tag{6-1}$$

Δx、Δy 分别表示所建成质心坐标值与未知节点真实值之间的误差。$f(x, y)$ 表示未知节点与信标节点之间的距离：

$$f(x,y) = \sqrt{(x - x_i)^2 + (y - y_i)^2},\ i = 1,2,\cdots,n \tag{6-2}$$

在满秩情况下，一定能够求解出未知节点的坐标，实际上，由于实测数据中坐标以及距离都存在一定的误差。泰勒级数的实质是采用切线逼近方式求解方程的解，拟采用泰勒级数对距离公式进行变换求解。多元泰勒级数展开形式如式(6-3)所示，其中第二行表示拉格朗日余项。

$$f(x,y) = f(x_{\text{est}}, y_{\text{est}}) + (f'_x, f'_y)_X \begin{pmatrix} \Delta x \\ \Delta y \end{pmatrix} + R$$

$$R = \frac{1}{2!}(\Delta x, \Delta y)\begin{pmatrix} f''_{xx} & f''_{xy} \\ f''_{yx} & f''_{yy} \end{pmatrix}_{X^{\cdot}} \begin{pmatrix} \Delta x \\ \Delta y \end{pmatrix}$$

$$X^* = (x_{est} + \theta\Delta x, y_{est} + \theta\Delta y) \tag{6-3}$$

对真实坐标 $X(x_{est}, y_{est})$，用多元泰勒级数展开，并对 x, y 求一阶偏导数，如下：

$$\begin{cases} f'_x = \dfrac{x - x_i}{f_{xy}}, \\ f'_y = \dfrac{y - y_i}{f_{xy}} \end{cases} \tag{6-4}$$

则在未知节点 $X(x_{est}, y_{est})$ 处的泰勒级数展开如下：

$$f(x, y) \approx f(x, y)\big|_{X_{est}} + (f'_x, f'_y)_{X_{est}} \begin{pmatrix} \Delta x \\ \Delta y \end{pmatrix} \tag{6-5}$$

式(6-5)中，右侧两项分别表示如下：

$$f(x, y)\big|_{X_{est}} = \sqrt{(x_{est} - x_i)^2 + (y_{est} - y_i)^2} \tag{6-6}$$

$$\begin{aligned} (f'_x, f'_y)_{X_{est}} \begin{pmatrix} \Delta x \\ \Delta y \end{pmatrix} &= f'_x * \Delta x + f'_y * \Delta y\big|_{X_{est}} \\ &= \frac{x_{est} - x_i}{f_{xy}} \Delta x + \frac{y_{est} - y_i}{f_{xy}} \Delta y \end{aligned} \tag{6-7}$$

其中 $f_{xy} = \sqrt{(x_{est} - x_i)^2 + (y_{est} - y_i)^2}$，$\Delta x = x_{est} - x_{av}$，$\Delta y = y_{est} - y_{av}$。

由上述公式可以求出节点坐标展开式：

$$\begin{aligned} & f(x_{est0} + \Delta x_0, y_{est0} + \Delta y_0) \\ & \quad \approx f(x_{est0}, y_{est0}) + f_x{}' \Delta x_0 + f'_y \Delta y_0 \end{aligned} \tag{6-8}$$

其中，上述公式偏导数可以写成如下表达式：

$$\begin{cases} f'_x = \dfrac{\partial f(x_{est}, y_{est})}{\partial x} = \dfrac{x_i - x_{est}}{\sqrt{(x_i - x_{est})^2 + (y_i - y_{est})^2}} \\ f'_y = \dfrac{\partial f(x_{est}, y_{est})}{\partial y} = \dfrac{y_i - y_{est}}{\sqrt{(x_i - x_{est})^2 + (y_i - y_{est})^2}} \end{cases} \tag{6-9}$$

取式(6-8)左边为 e_{esti} ,右边第一项为 e_i ,并将该项移到等式左边,并令 Δe_i 为两者差值;取式(6-9)第一个等式左边项为 h_{xi} ,第二个等式左边项为 h_{yi} ,则式(6-8)和式(6-9)可以改写为

$$\Delta e_i = h_{xi}\Delta x_0 + h_{yi}\Delta y_0 \tag{6-10}$$

由公式求得定位误差,经过反复迭代运算,获得网络中所有未知节点的坐标值,实现网络的整体坐标数值。

2.三维网络

(1)静态网络。水下传感器网络分为静态三维网络和动态三维网络。静态三维网络主要是指水下传感器网络节点为采用锚链固定在水底或者用海洋平台连接锚链固定网络节点。动态三维网络一般采用移动式平台,包括滑翔机等设备装载节点。

假定,现研究对象布设为三维平面,区域大小为 $x_{\text{length}} \times y_{\text{length}} \times z_{\text{length}}$,其中 x_{length},y_{length},z_{length} 分别是该坐标对象的横坐标长度、纵坐标长度和深度坐标;随机布撒(人为布置)数量为 n 的节点作为信标节点,各个节点通过相互通信获得坐标或者网络中的位置等信息,按照布设,所布置传感器节点的物理位置基本不变,如图 6-10 所示。

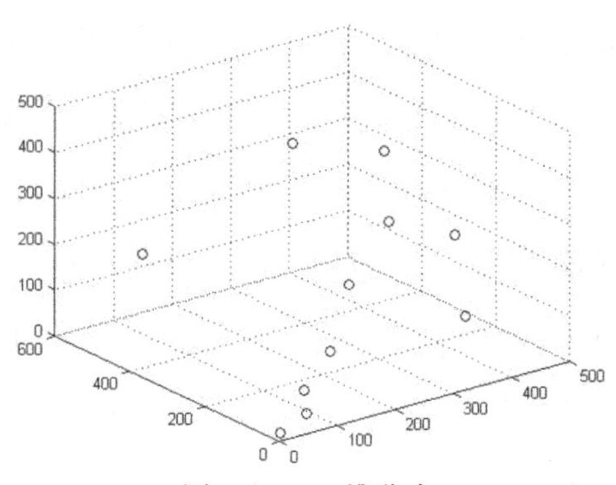

图 6-10　三维分布

以某四个锚节点 A,B,C,D 为例，对未知节点 E 定位。假设已知 A,B,C,D 的坐标分别为 (x_a,y_a,z_a)，(x_b,y_b,z_b)，(x_c,y_c,z_c)，(x_d,y_d,z_d)，待定节点 E 的坐标为 (x,y,z)，若未知节点到协助定位的四个锚节点之间的距离可以测量，分别为 $d_{\mathrm{ae}},d_{\mathrm{be}},d_{\mathrm{ce}},d_{\mathrm{de}}$。理论上来说，分别以 A,B,C,D 为圆心，$d_{\mathrm{ae}},d_{\mathrm{be}},d_{\mathrm{ce}},d_{\mathrm{de}}$ 为半径画球，四个球应该交于一点，即 E，如图 6-11 所示。

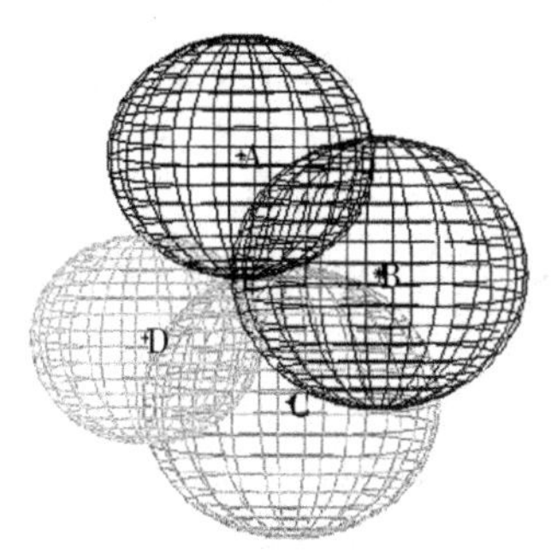

图 6-11　交于一点的理想状态

根据两点之间的坐标公式,可以分别列出四个等式。事实上,如图 6-10 所示模型,仅仅为理想模型,真实情况下并不存在。某待定位节点 P 的真实坐标为 $(x_{rea},y_{rea},z_{rea})$,协助该节点定位的锚节点坐标为(x_i,y_i,z_i)[$i=1,2,3,\cdots,k$(k 是指协助定位的锚节点数目,其数值不小于 4)]。P 到各锚节点的距离分别为 $d_i(i=1,2,3,\cdots,k)$,假设待定位节点 P 计算坐标为 $(x_{cal},y_{cal},z_{cal})$,理论上来说,两者应该一致,实际上真实坐标与计算坐标之间一定存在误差值,令 P 的真实坐标与计算坐标之间存在的误差值为 $(\Delta x,\Delta y,\Delta z)$,则

$$x_{rea}=x_{cal}+\Delta x,y_{rea}=y_{cal}+\Delta y,z_{rea}=z_{cal}+\Delta z \tag{6-11}$$

锚节点与 P 之间的距离计算分别为:

$$f(x,y,z)=\sqrt{(x-x_i)^2+(y-y_i)^2+(z-z_i)^2}=d_i,i=1,2,\cdots,k \tag{6-12}$$

当函数可微时,按照泰勒级数,三元泰勒级数一般表示为:

$$f(x+\Delta x,y+\Delta y,z+\Delta z) = f(x,y,z)+f'_x(x,y,z)+f'_y(x,y,z)\Delta y+f'_z(x,y,z)\Delta z \tag{6-13}$$

对式(6-12)求偏导数,可写成如下表达式:

$$\begin{cases} f'_x = \dfrac{\partial f(x,y,z)}{\partial x} = \dfrac{x_i - x_{\text{cal}}}{\sqrt{(x_i - x_{\text{cal}})^2 + (y_i - y_{\text{cal}})^2 + (z_i - z_{\text{cal}})^2}} \\ f'_y = \dfrac{\partial f(x,y,z)}{\partial y} = \dfrac{y_i - y_{\text{cal}}}{\sqrt{(x_i - x_{\text{cal}})^2 + (y_i - y_{\text{cal}})^2 + (z_i - z_{\text{cal}})^2}} \\ f'_z = \dfrac{\partial f(x,y,z)}{\partial z} = \dfrac{z_i - z_{\text{cal}}}{\sqrt{(x_i - x_{\text{cal}})^2 + (y_i - y_{\text{cal}})^2 + (z_i - z_{\text{cal}})^2}} \end{cases} \tag{6-14}$$

则节点坐标在 (x_0, y_0, z_0) 处展开式如下：

$$f(x_{\text{cal}} + \Delta x_0, y_{\text{cal}} + \Delta y_0, z_{\text{cal}} + \Delta z_0) \approx f(x_0, y_0, z_0) + f'_x \Delta x_0 + f'_y \Delta y_0 + f'_z \Delta z_0 \tag{6-15}$$

取式(6-15)左边为 e_{esti}，右边第一项为 e_i，并将该项移动到等式左边，并令 Δe_i 为两者差值；取式(6-14)第一个等式左边项为 h_{xi}，第二个等式左边项为 h_{yi}，第二个等式左边项为 h_{zi}，则式(6-14)和(6-15)可以改写为：

$$\Delta e_i = h_{xi} \Delta x_0 + h_{yi} \Delta y_0 + h_{zi} \Delta z_0 \tag{6-16}$$

由公式求得定位误差，经过反复迭代运算，获得网络中所有未知节点的坐标值，实现网络的整体坐标数值。

(2)动态网络。在静态三维网络中，所有节点包括锚节点和未知节点的位置都被假设为不变，即节点的位置在网络中自始至终都不会也不可能改变。静态三维网络在陆地上、特定场合下确实存在，比如在较为复杂一些的农业大棚内，节点被布置在龙骨或者梁柱上，节点位置改变的可能性很小。但在海洋环境下，受风、流、浪等影响，水上、水下的物体一般很难固定不变，即便是海洋平台上固定的物体也可能会被飓风、大浪破坏。有研究者在讨论三维网络时，考虑了海流的作用，也有研究者采用均值漂流并联合粒子滤波的方法；还有人提出利用 AUV 进行辅助移动定位，直接将整个网络作为移动性网络等。节点在海洋中随波浪上下起伏，如图 6-12 所示。

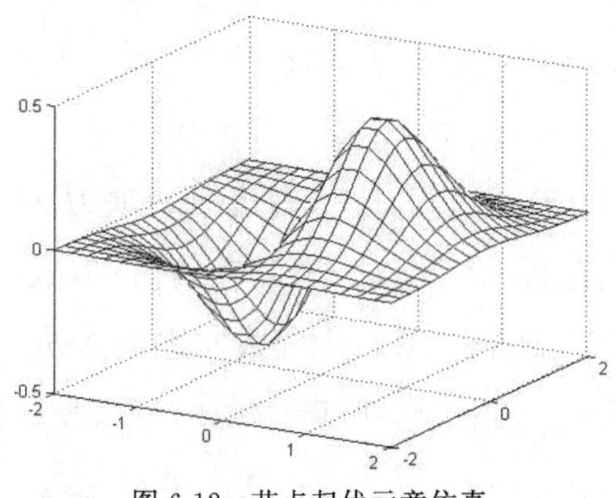

图 6-12　节点起伏示意仿真

假定，研究对象布设为三维平面，区域大小为 $x_{\text{length}} \times y_{\text{length}} \times z_{\text{length}}$，其中 x_{length}，y_{length}，z_{length} 分别是该坐标对象的横坐标长度、纵坐标长度和深度坐标；布置数 n 个锚节点，各个节点通过相互通信获得坐标或者网络中的位置等信息。考虑按照传感器节点的物理位置随着外界环境变化而变化，按照公开资料，水下传感器网络节点受海流、波浪、风、生物、温度、盐度等影响。

以某四个锚节点 A,B,C,D 为例，对未知节点 E 定位。假设已知 A,B,C,D 的坐标分别为 $(x_i,y_i,z_i)(i=1,2,3,4)$，待定节点 E 的坐标为 (x,y,z)，假设未知节点到协助定位的四个锚节点之间的距离可以随时测量。在使用场景中，节点使用锚链固定（见图 6-13），其中图 6-13(a)表示固定在海底的锚节点随着锚链移动的情形，理论上，应该以固定点为中心，锚链长度为半径，形成一个球体形状，但考虑到锚链连接的节点一般会受向上浮力和向下拉力作用，该节点更大可能性为以锚链长度为半径，摇摆运动，类似状况如图6-13(a)所示。不失一般性，假设从固定点垂直于海底向上，节点应处于该垂线上，以该节点位置为中心，则节点移动范围将围绕节点形成类圆锥形状，如图 6-13(b)所示。为进一步描述问题，假设以该节点为中心构成的图形，能够形成标准圆锥状，以节点为中心，半径为 d_i，构成一个圆形运动区域。节点运动半径以及锚链长度构成圆锥体，节点半径为底面半径，锚链为斜线长。考虑锚链长度以及摇摆幅度，节点最高位置与形成圆锥面高度差不会太大，即忽略高程差，如图6-13(c)所示。考虑统一海域的环境一致性，所有节点都受同样参数影响,即构成以节点为中心的圆形面。

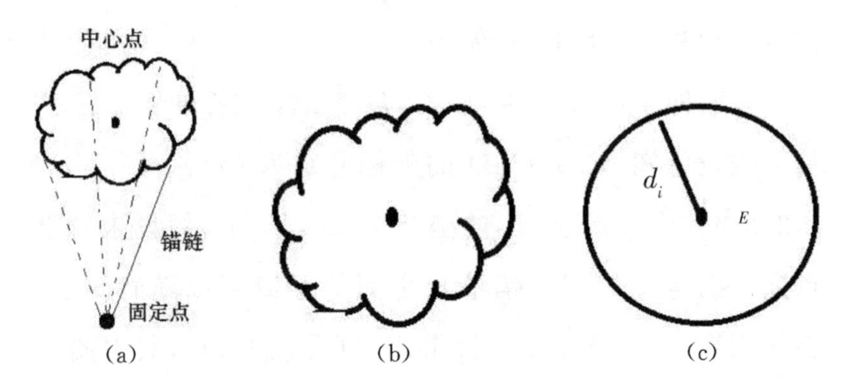

图 6-13　海底固定锚节点及其移动情形

(a)固定在海底的锚点随着锚链移动情形

(b)以节点为中心,节点移动范围　(c)忽略高度差

假设已知锚节点 A,B,C,D 的运动半径分别为 $d_{\mathrm{mov}i}(i=1,2,3,4)$,未知节点 E 的运动半径为 d_{move}(见图 6-14),假设锚节点到未知节点之间的距离是 $d_{\mathrm{ie}}(t)(i=a,b,c,d)$ 节点之间的距离随着时间变化而变化,由此可知,节点定位处于动态变化中。以某一时刻 k 为例,探讨节点定位坐标公式。

考虑待定位节点 E 在 k 时刻计算坐标为 $[x_{\mathrm{cal}}(k),y_{\mathrm{cal}}(k),z_{\mathrm{cal}}(k)]$,此时,锚节点坐标分别为 $[x_i(k),y_i(k),z_i(k)]$,$(i=a,b,c,d)$,此时刻所测距离分别为 $d_{ie}(k)(i=a,b,c,d)$,此时刻各节点处于静止状态,因此不需要考虑运动半径,按照两点距离公式,计算得:

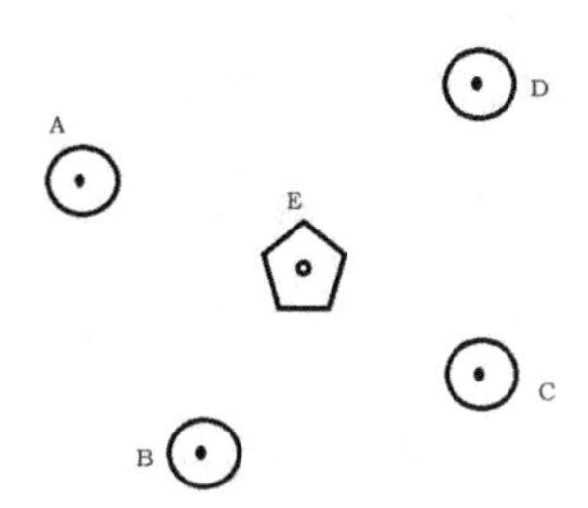

图 6-14 锚节点定位示意

$$d_{ie}(k)=\sqrt{(x_{\text{cal}}(k)-x_i(k))^2+(y_{\text{cal}}(k)-y_i(k))^2+(z_{\text{cal}}(k)-z_i(k))^2},\quad i=a,b,c,d \tag{6-17}$$

理论上来说,通过求解上述公式可以求得此时未知节点坐标。实际上未知节点真实坐标与计算坐标之间还会存在误差值,因此,上述坐标还需要迭代更新,更重要的是,上述公式仅仅求出某个时刻点的坐标值,一旦过了该时刻,坐标值也将改变。因此,用式(6-17)来求解左右未知节点所有时刻的坐标参照解,工程量巨大,且困难重重。

在现有参考资料中,有人主要针对 AUV,滑翔机等作为移动锚节点来求解节点坐标,考虑到这些设备移动速度和距离远远大于锚链锁定时节点运动范围,一般来说会将这些设备作为具有一定定向速度、具有方向性的移动物来考虑,从而可以忽略锚节点等的小范围变动。

考虑图 6-14 以及水下真实环境,在一定的区域内,存在一定数量的锚节点，这些锚节点受外界影响，可以看成节点坐标随着时间发生变化，同时存在一定数量的未知节点，这些节点也受同样的环境影响，并跟随时间变化。假设锚节点坐标为$[x_i(t), y_i(t), z_i(t)](i = 1,2,\cdots,n)$，未知节点的坐标为$[x_j(t), y_j(t), z_j(t)](j = 1,2,\cdots,m)$，未知节点与锚节点之间的距离分别为

$$f_{ij}(x,t,z) = [(x_i(t) - x_j(t))^2 + (y_i(t) - y_j(t))^2 + (z_i(t) - z_j(t))^2]^{\frac{1}{2}} \tag{6-18}$$

若各节点之间距离可测，分别为$d_{ij}(t)$，若不存在测量和计算误差，则式(6-18)的计算结果应该与距离$d_{ij}(t)$一样。考虑节点位置，距离大小等都在变化之中，将所有节点两两之间的距离构建成一随机过程，样本函数取距离值，则该随机过程为：

$$\xi(t) = \{d_{11}(t), d_{21}(t), d_{31}(t), \cdots, d_{ij}(t), \cdots, d_{nm}(t)\} \tag{6-19}$$

考虑水下节点数量有限，且由锚节点构建定位模型中，节点距离可测，并可以依照随机过程组建合理方程。随机过程定义指出，随机过程可以看作是时间进程中处于不同时刻的随机变量的集合。由于所测距离随着时间不断变化，使得所有距离无法确定，按照每时每刻去求解，会

使得所求数据并不代表现在，按照随机过程思路，可将所测距离在时间上进行平均，再按照时间的平均距离将未知节点位置确定下来，假设所求距离分别为 $\overline{d_{ij}(t)}$，$(i=1, 2, \cdots, n, j=1, 2, \cdots, m)$。将该距离代替式(6-18)中的距离，测算未知节点坐标。

6.4　模型仿真

(1)二维网络。在 1 000 × 1 000 单位空间内布置 100 个锚节点(“.”)，布放 50 个未知节点(标注为 *)，采用主频为 4G 的计算机在 Matlab R2014a 环境下进行仿真。

图 6-15 代表了水下传感器网络节点初始分布，其中，“.”代表锚节点，“*”代表未知节点；图 6-16 表达了定位误差与节点数量之间的关系。从图 6-15 可以看出，锚节点分布较为均匀，未知节点的位置是随机分布，因此会出现节点靠近甚至可能重复的现象，此表现为在定位过程中，计算迭代存在误差值，从图 6-16 可见，节点数量并不一定有效降低误差值，可能出现的情况为存在网络中的锚节点并不对未知节点进行定位。从上述结果来看，定位精度还有进一步优化的空间。

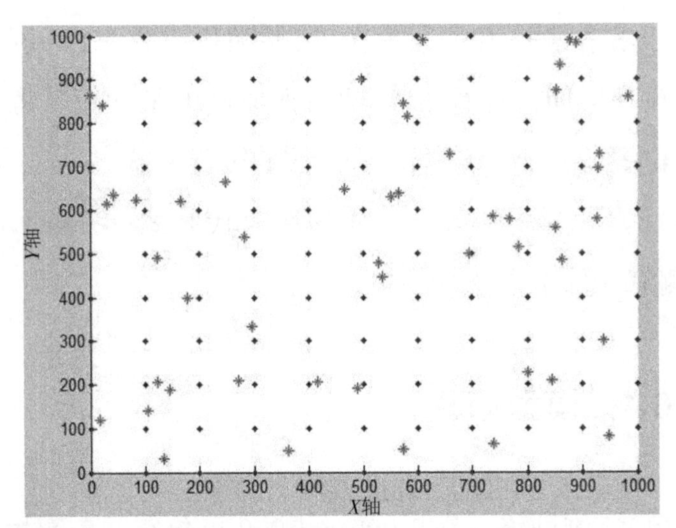

图 6-15　二维平面节点初始分布

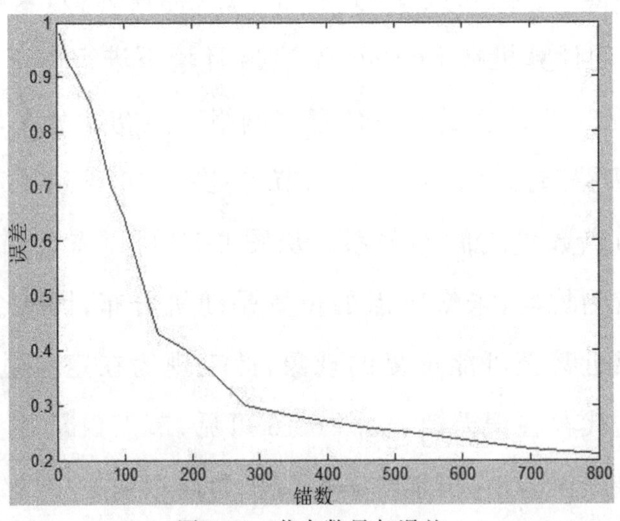

图 6-16　节点数量与误差

(2)静态三维。在 1 000×1 000×1 000 范围内布置 30 个信标节点,10 个未知节点采用主频为 4G 的计算机在 matlab R2014a 环境下进行仿真。

图 6-17 表示水下传感器节点初始化分布，其中，“.”代表锚节点，“*”代表未知节点；图 6-18 表达了定位误差与节点数量之间的关系。从图 6-17 可以看出，锚节点分布较为均匀，未知节点的位置是随机分布的，出现了节点靠近甚至可能重复的现象，此表现为在定位过程中计算迭代存在误差值。图 6-18 表示锚节点密度与节点自定的误差之间的关系，当节点密度增加时，节点定位误差显著降低，当节点密度增加到一定程度后，并不能继续有效降低误差值，可能出现的情况为存在网络中的锚节点并不对未知节点进行定位。从上述结果来看，定位精度还有进一步优化的空间。

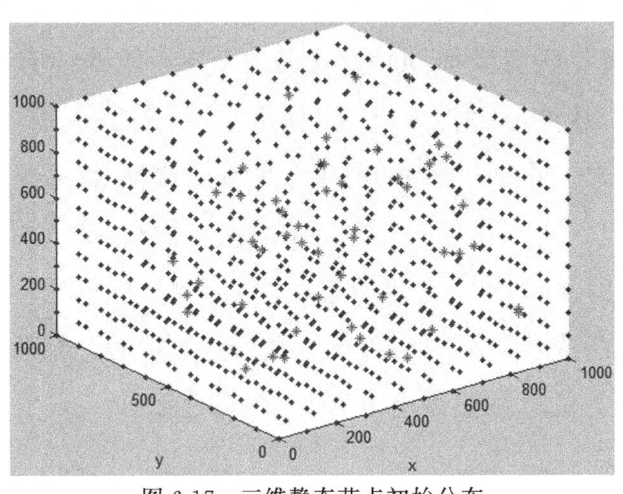

图 6-17　三维静态节点初始分布

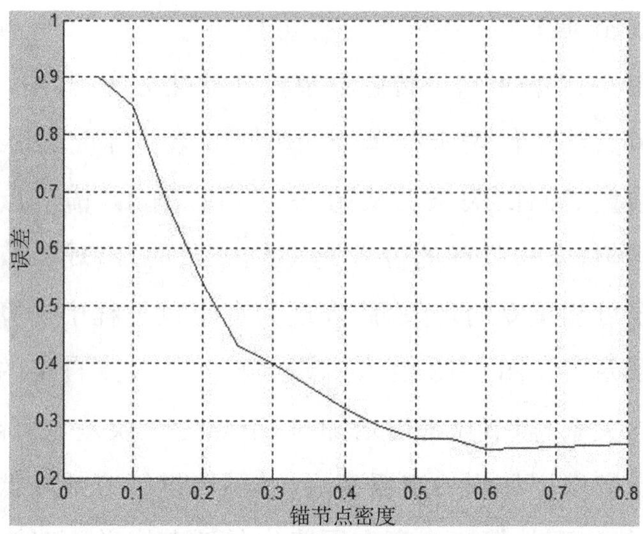

图 6-18　锚节点密度与定位误差

(3)动态三维。图 6-19 显示了定位误差与节点密度之间的关系。当节点密度增加时,节点定位误差有所降低,当节点密度增加到一定程度后,并不能继续有效降低误差值,从绝对数值来看,定位误差几乎高达 40%,误差范围很大。出现这种情况可能是节点之间距离本身存在误差,节点时刻在运动,用求均值办法代替某时刻数值,影响了最终定位值。三维动态网络定位技术需要采用更优化的算法或者布局更合理的办法,陆地上无线传感器网络技术的定位思路值得借鉴,但不能完全照抄。

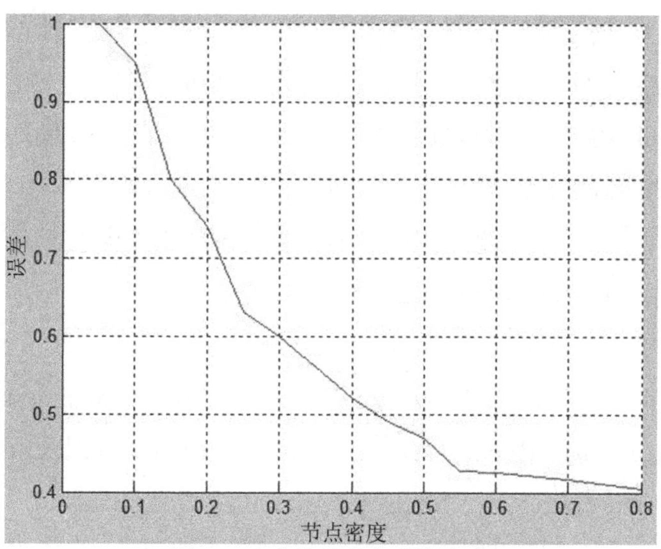

图6-19　定位误差与节点密度

水下传感器网络是海洋战略中重要的一环，节点自定位则是水下传感器网络的关键技术之一。从各国政府重视程度以及各高校、科研院所、企业研究现状来看，人们不断采用新方法、新技术，实现对海洋环境等的检测、监测等功能，这些为人们进一步了解、研究、开发海洋提供有益帮助。

参考文献

[1]何祚镛，赵玉芳.声学理论基础[M].北京：国防工业出版社，1981.

[2]孙利民，李建中，陈渝，等.无线传感器网络[M].北京：清华大学出版社，2005.

[3]周全,朱红松,徐勇军,等.基于最小包含圆的无线传感器网络定位算法[J].通信学报,2008(29).

[4]蒋杰,方力,张鹤颖,等.无线传感器网络最小连通覆盖集问题求解算法[J].软件学报,2006(17).

[5]李彦,罗续业. 海洋监测传感器网络概念与应用探讨[J]. 海洋技术学报, 2006(25).

[6] CHITRE M, SHAHABUDEEN S, STOJANOVIC M. Underwater Acoustic Communications and Networking: Recent Advances and Future Challenges[J]. Marine Technology Society Journal,2008(42).

[7]陈锦铭,陈贵海,严允培,等.水下无线传感器网络研究现状[J].计算机科学,2007(34).

[8]曹正文,赵健,高宝建.基于加权最小二乘法的红外多站定位的研究[J].光子学报,2005(34).

[9] Patwari N, Ash J , Kyperountas S, et al. Locating the Nodes: Cooperative Localization in Wireless Sensor Networks[J]. IEEE Signal Processing Magazine, 2005(22).

[10]石琴琴.无线传感器网络节点自定位系统及其算法研究[D].上海:上海交通大学,2009.

[11]Guo P, Jiang T, Zhu G, et al. Utilizing Acoustic Propagation Delay to Design MAC Protocols for Underwater Wireless Sensor networks[J]. Wireless Communications and Mobile Computing, 2008(8).

[12] YI. Zou, Krishnendu Chakrabarty. Sensor Deployment and Target Localization in Distributed Sensor Networks [J]. ACM Transactions on Embedded Computing Systems, 2004(3).

[13]曹峰,刘丽萍,王智.能量有效的无线传感器网络部署[J].信息与控制, 2006(35).

[14]Rice J A. Telesonar Signaling and Seaweb Underwater Wireless Networks[J]. New Information Processing Techniques for Military Systems,2001(17).

[15] Freitag L, Stojanovic M, Singh S, et al. Analysis of Channel Effects on Direct-sequence and Frequency-Hopped Spread-spectrum Acoustic Communication [J]. IEEE Journal of Oceanic Engineering,2001(26).

[16]Pompili D, Melodia T, Akyildiz I F. A Distributed CDMA Medium Access Control for Underwater Acoustic Sensor Networks[J]. IEEE Trans on Wireless Communications, 2009(8).

[17]Ravelomanana V. Extremal Properties of Three-dimensional Sensor Networks with Applications [J]. Mobile Computing, IEEE Transactions on,2004(3).

[18]Stojanovic M,Freitag L. Multi-channel Detection for Wide-band Underwater Acoustic CDMA Communications[J]. IEEE Journal of Oceanic Engineering,2006(31).

[19]李兆斌,魏占祯,徐凤麟.无线传感器网络增强的质心定位算法及性能分析[J].传感技术学报, 2009(4).

[20]张文爱,刘丽芳,李孝荣.基于粒子进化的多粒子群优化算法[J].计算机工程与应用,2008(44).

[21]Wang Xue, Wang Sheng, Ma Jun-jie. Dynamic Deployment Optimization in Wireless Sensor network[J]. Lecture Notes in Control and Information Science, 2006(344).

[22]Mao Guo-qiang, Fidan B, Anderson B. Wireless Sensor Network Localization Techniques[J]. Computer Networks, 2007(51).

[23]Langendoen K, Reijers N. Distributed Localization in Wireless Sensor Networks: a Quantitative Comparison[J]. Computer Networks, 2003(43).

[24]Niculescu D. Positioning in Ad Hoc Sensor Networks [J]. IEEE, 2004(18).

[25]Li Yan, Luo Xuye. Discussion on Conception and Application of Sensor Networks [J]. Ocean Monitoring Ocean Technology, 2006(25).

[26]杨卓静,孙宏志,任晨虹.无线传感器网络应用技术综述[J].中国科技信息,2010(13).

[27]Mahdy A M. A Perspective on Marine Wireless Sensor Networks[J]. Journal of Computing Sciences in Colleges, 2008(23).

[28]Stephanie Lindsey，Cauligi S. Raghavendra，et al. PEGASIS：Power-efficient Gathering in Sensor Information Systems[J]. Computer Systems Research Department，2001(3).

[29]李建奇，曹斌芳，王立，等.一种结合 LEACH 和 PEGASIS 协议的 WSN 的路由协议研究[J].传感器学报，2012(25).

[30]程铭东.基于遗传算法的多传感器网络中目标定位算法[J].计算机工程与应用，2008(44).

[31]郭海军.海洋水环境监测系统中无线传感网络的研究[D].秦皇岛:燕山大学,2010.

[32]蔡惠智，刘云涛，蔡慧，等.水声通信及其研究进展[J].物理，2006(12).

[33]王驭风，王岩.基于矢量的无线传感器网络节点定位综合算法[J].通信学报，2008(29).

[34]王怿.水下传感网时钟同步与节点定位研究[D].武汉:华中科技大学,2009.

[35]张华，刘玉良.水下无线传感器网络节点覆盖及其自定位[J].浙江海洋学院(自然科学版)，2012(3).

索　引

A

AOA　16,17,92

AUV　212,214,220

B

变异　32,33,34

C

车间作业调度　49,59

D

定位技术　6,16,27

动态目标覆盖　13,128,138

F

分布式计算　90,95

分层　20,175,177

分层控制　158,174,175

G

改进质心算法　164,197

H

HEAP 算法　165,166

海洋浮标　202

海洋环境实时监测系统　11,12,200

后馈控制　176,177

I

IOOS 项目　12

J

即时控制　176,177

加权质心定位算法

164,165
交叉 5,14,34
节点覆盖 128,129,131
节点覆盖率 147,189
静态目标覆盖 13,128,137
距离无关定位 17
绝对定位 65,67,89

L

立体监测网络 212,215,221

M

面覆盖 13

Q

前馈控制 176
区域覆盖算法 14
确定性覆盖 13,126

R

RSSI 16,17,92

S

三边测量法 95,96,99
三维监测网络 214
声呐 210,211,212
适应度函数 38,40,46
水声传感器网络 207,210,213
水声通信 4,193,203
水下传感器监测网络体系结构 212
水下传感器网络 203,205,206
水下传感器网络定位 220,221,222
随机覆盖 13,126,138

T

TDOA 16,17,220,
TOA 92,93,220
泰勒级数 224,225,228
凸多边形 104,105,149

W

网络拓扑技术　6

无线传感器网络　1，2,5

X

信息素　49,50,51

选择　51,54,56

Y

遗传算法　32,34,35

遗传算法定位优化　106

遗传算法覆盖优化　148

以数据为中心　7,8

蚁群算法　32,47,48

蚁群算法定位优化　118

优化方法　39，40,165

Z

栅栏覆盖　13，15,128

指数感知模型　14，16,126

质心　17,97,100

质心算法　96，158,163

质心坐标　96，164,165

智能家居　10,27

自组织　2,6,7